不管，我就是要幸福！

赵昱鲲 著

NEWSTAR PRESS
新星出版社

目录 CONTENTS

序言 不管，我就是要幸福！/1

第一章 / 你能决定你的一生吗

01 积极心理学：你能决定你的一生吗 /9

02 未来：你是被未来吸引，还是被过去驱使的 /18

03 行动：做积极的事，就有积极的心态 /26

04 脑科学：你的大脑，天生积极 /34

05 进化心理学：适者生存？积极者生存！ /43

第二章 / 究竟什么才是幸福

01 幸福理论：越有钱就越幸福吗 /53

02 积极情绪：为什么积极的人更容易获得成功 /62

03 消极情绪：如何让消极情绪为你服务 /72

04 情绪与情感：人生最优决策方法是什么 /81

05 伊卡洛斯陷阱：如何拥有高质量的积极心理 /90

06 自我决定：如何才能找到自我 /99

07 动机：如何把动机变得更自主 /108

08 成长型思维：如何实现持续提升 /117

09 自尊：如何拥有稳定高自尊 /126

10 优势商：如何发挥自己的优势 /138

11 自主联系：如何治愈关系的创伤 /148

12 心流：如何自主拥有心流体验 /157

13 价值观：如何面对不确定的时代 /167

14 价值整合：什么是你最重要的东西 /176

15 意义感：如何找到人生的意义 /186

第三章
不较劲也能解决问题

01 焦虑：太过焦虑耽误事，怎么办 /199

02 低落：意志消沉不想动，怎么办 /208

03 失控：情绪上头难控制，怎么办 /217

04 失眠：脑子混乱睡不着，怎么办 /226

05 活力：缺少冲劲没能量，怎么办 /235

06 人际：交友迈不出第一步，怎么办 /245

07 关系：构建关系很困难，怎么办 /255

08 拒绝：不会拒绝、被 PUA，怎么办 /267

09 离开：关系糟糕难解脱，怎么办 /277

10 坚持：半途而废没毅力，怎么办 /286

结语　再也没有任何人可以"绑架"你 /297

参考文献 /303

序言

不管，我就是要幸福！

我想先请你花一分钟，回忆一下你是否曾经有过这样的愿望：

想让人生变得更加幸福，希望生活中少一些焦虑和抑郁，多一些欢乐和温暖；

感觉自己有点精神内耗，心里有很多的声音在相互吵架，希望能够找到自我真正想要去的方向；

感到有些迷茫和困惑，想要找到人生的意义，过得更加蓬勃、充实；

想要激励你的团队更投入地工作，引导你的孩子自主学习，却找不到合适的方法；

……

如果你有上述任何一类或多类愿望，那么我想告诉你，积极心理学或许能帮你发现人生的另一种可能。

如何正确理解积极心理学

近几年，积极心理学这个学科挺热门的，你可能会对它有所耳闻。但同时，很多人对它也有不少误解。比如，有人觉得积极心理学就是让人保持积极心态，凡事都往好处想，或者认为学了积极心理学就能让人"开心快乐没烦恼"，甚至有人说它就是披着科学外衣的心灵鸡汤或成功学的升级版。

我想正本清源地告诉你，积极心理学不是心灵鸡汤或成功学，它的根本目标也不是让你开心快乐，它最重要的目标是——让你自主行动，掌控自己的人生。

它凭什么能做到这一点？这就不得不提到积极心理学和之前的心理学最大的不同之处。

以前的心理学关注什么？更多的是人的消极心理。比如，童年阴影怎样影响你，环境刺激怎样操控你，焦虑、抑郁、人格障碍等问题该怎样治疗。这些当然非常有必要研究，但这会给人一个印象：我们的心理问题好像最终只能由专业人士才能解决。

1998年，马丁·塞利格曼（Martin Seligman）教授当选为美国心理学会主席，他在就职演讲上提出，心理学同样应该关注人类正面的积极心理——积极心理学运动在那一刻诞生。从表面上看，积极心理学似乎只是更加强调"积极"，但本质上，它其实是让我们真正拥有了自主行动的能力。心理学从此进入一个新的阶段。

举个例子。如果你的一位朋友说他最近总是感觉疲惫、消沉，对此，你怎么办？我们常常劝别人"振作起来"，可是劝完有用吗？没用。大部分心理学推荐的自助方法都是让我们改变想法，这其实仍然是传统的"从认知到行为"的思维套路——说着容易做着难。

而积极心理学的研究成果告诉我们：情绪的本质是一个人根据身体反应、环境信息和过往经验构建出来的体验。因此，对于情绪不好，最简单易行的应对方法其实是改变身体状态，比如到草地上、公园里走一走。一方面，身体动起来之后，认知就会自动调整，人会变得更积极；另一方面，植物会分泌一种叫芬多精的化学物质，它可以杀灭对人体有害的细菌，还有助于减缓压力、让人的心情更舒畅，甚至还能强化肠道和心肺功能。你看，一个如此简单的行动，对于情绪改善的效果却是立竿见影的。

当然，积极心理学并不只局限于让人们高兴起来，它的研究范围涵盖各个领域，比如：

　　如何发掘自己的优势；

　　如何拥有良好的关系；

　　如何有效地影响别人；

　　……

一旦你掌握了一整套科学方法，你的人生将不再取决于过去，不再取决于环境，也不再取决于别人——包括专业心理工作者，而只取决于你自己。在通往幸福人生的路上，再也没有"中间商赚差价"。

这也正是这本书名字的由来。"不管，我就是要幸福！"是我希望你在看完这本书之后，能够对自己的人生和生活建立起的一种态度——你的人生由你自己说了算，你可以主动追求自己想要的幸福，你也有能力追求这种幸福！

我的硕士导师就是马丁·塞利格曼，他是积极心理学的创始人，我也是他最早的中国学生之一，我跟他的研究合作一直延续到今天。

我在美国求学期间，塞利格曼邀请了积极心理学领域的几乎所有"大咖"来给我们上课，比如提出"心流"概念的米哈里·契克森米哈赖（Mihaly Csikszentmihalyi），"幸福博士"爱德华·迪纳（Edward Diener），《象与骑象人》（*The Happiness Hypothesis*）的作者乔纳森·海特（Jonathan Haidt），等等，我也因此有机会跟他们当面请教。

更重要的是，我是个铁杆行动派。我完全同意塞利格曼提倡的，即要把积极心理学宝贵的研究成果推广和实践出去，帮助尽可能多的人。毕业之后，我选择回国，在中国积极心理学运动的发起人彭凯平教授的指导下完成博士学业，并协助他一起在清华大学建立了积极心理学研究中心。我们在清华开设了"积极心理学"课程，同时开展了各种积极心理学的培训、积极教育的项目。

读到这儿，你会不会"脑补"我的前半生就和心理学专业画上等号了？其实并非如此。在接触积极心理学之前，我是个地道的理工男，本科学的是化学物理专业，之后在美国拿了化学和计算机两个硕士学位。

因为这些转行、转专业的经历，我特别能理解：也许之前你没有接受过科班的心理学教育，但是想从心理学这里学到帮助自己的方法。

我们怎么学

由于以上种种，我希望这本书能给你带去至少两类收获。

第一，让你了解科学、严谨的积极心理学知识，把握这门学科的脉络。因为市面上各种信息泥沙俱下，非科班出身的学习者很容易被误导。

第二，让积极心理学的知识真正为你服务，让你学完就能用上。

第一章，为你讲清楚积极心理学这门学科的底层逻辑。虽然知识点有很多，但你只要抓住两个关键点——"自主"和"行动"，就可以把整个学科的知识点串清楚。

第二章，我会给你讲述理解积极心理学必须掌握的 10 种认知，那就是幸福、情绪、情感、自主、成长型思维、品格优势、心流、人际关爱、价值观和人生意义。

第三章，我会为你介绍如何应对焦虑、消沉、暴躁、半途而废等心理难题，也会跟你讨论如何经营好亲密关系、家庭关系、职场关系，以及拓宽社交圈，拥有良性圈子。

我还有一个小建议，书里有20多个专门设计的"积极小行动"版块，强烈推荐你读完相应内容后跟着做一做。因为这本书相当于给了你一间行动的武器库，你除了知道这间武器库的存在、知道里面有哪些武器，最重要的还是得亲自打开库门，拿出武器操练。只有这样，你才能更明显地体会到这本书让你发生的改变。

当年，我是带着两个问题去学积极心理学的：一个是，对幸福的科学解释是什么？另一个是，人生的意义在哪里？这让我在学习时更加有目标感。

你的问题很可能跟我的不一样，比如，也许你希望自己能从消沉的状态中振作起来，也许你希望给自己前进的动力，也许你希望用积极心理学去激励别人……其实，这些状态我也经历过，在研究、应用积极心理学的路上，我遇到过无数次消沉、失望，甚至想放弃的时刻，但最后我都从积极心理学中找到了方法，支撑我坚持下来。

你愿不愿意给自己重来一次的机会？期待你和我一起踏上自主行动之路，寻找属于自己的幸福人生！

第一章

你能决定你的一生吗

01 / 积极心理学：你能决定你的一生吗

关于积极心理学，你可能看到过很多评论。有人可能会问：积极心理学研究幸福有什么用？不就是心灵鸡汤吗？还有人会问：积极心理学这门学科这么新，靠谱吗？

其实，这些质疑来自人们对这门学科缺乏了解。我在序言里说过，积极心理学是一门研究人类正面心理的科学。事实上，它并非是对幸福的夸夸其谈，其背后隐藏着一个尤为重要的、跟我们每个人都息息相关的问题，那就是：一个人到底能不能自主决定自己的一生？

对于这个问题，积极心理学给出的答案很明确：可以。一代代积极心理学的学者努力的目标,就是让每个人都相信:自己也可以。

不过,积极心理学得出这个答案的过程,可谓一波三折。接下来,我先为你梳理一下积极心理学的发展脉络,其主线可以用一个词概括,那就是"自主"。

一波三折的发展历程

1954年,著名心理学家亚伯拉罕·马斯洛(Abraham Maslow)发表了一本经典著作,叫《动机与人格》(*Motivation and Personality*)。如今我们耳熟能详的"需求层次理论""自我实现",都是他在这本书里提出的。但少有人知道的是,在这本书的最后,马斯洛写了一句话:"与目前的消极心理学——研究病人或普通人而产生的心理学——相比,通过研究健康人而产生的心理学完全可以被称为积极心理学。"

"积极心理学"这个词,就这样第一次登上了心理学的舞台。

马斯洛为什么这样写呢?因为在他那个年代,主导心理学界的是两大门派:精神分析和行为主义。精神分析认为人的心理是由过去塑造的,一个人的原生家庭、童年经历(包括童年阴影)决定了他现在的心理状况。而行为主义认为人的心理由外界刺激决定,只要改变外界环境,就可以像操纵机器一样操纵人的心理。

这两大门派看上去针锋相对,"打得"不亦乐乎,但它们背后其实有一个共同点,那就是认为"人不能自主"。这时候,马斯洛大喝一声:"你们俩都太消极了!"

马斯洛做过很多访谈,他发现哪怕是那些完成了自我实现的人,很多也有过童年创伤,也曾被生活毒打过,但他们仍然能选择积极奋斗,最后活出了非常精彩的人生。马斯洛由此得出结论:人可以自主。人并不是只能被动地任由环境塑造,而是可以也应该由人自己来决定。

用咱们中国人的一句老话说就是:"取法乎上,得乎其中;取法乎中,得乎其下。"马斯洛认为,整天研究犯罪分子,至多就是震慑人们不犯罪,而只有去研究那些活得积极的人,才能帮更多人活出更积极的人生。

从此,马斯洛和卡尔·罗杰斯(Carl Rogers)、阿尔弗雷德·阿德勒(Alfred Adler)等人一起开创了心理学界的第三大门派,即人本主义心理学,强调人的积极本质和价值。

按照讲故事的套路,马斯洛的这个倡议一经提出,就应该得到一呼百应,是不是?但事实上,基本没有人响应他。为什么呢?从客观到主观,有3个方面的原因。

第一个方面是社会大势。马斯洛提出积极心理学的20世纪50年代正是第二次世界大战刚刚结束的时候,随后又发生了好几场战争,大量老兵带着心理创伤回到家园。对此,美国政府投入了海量资金为他们治疗心理疾病。哪里的钱最多,哪里的研究就最热。因此,对积极心理学的研究被忽略就不难理解了。

第二个方面是学术风潮。在那个年代,心理学界正在经历一场研究方法的范式革命。像过去弗洛伊德那样研究自己的病例,或像马斯洛那样通过访谈人群提炼概念的研究方法,越来越被边缘化。占据主流的方法是调查测量、做实验、分析数据,用计算结果说话。

这当然是件好事,但问题是,负面心理效应往往要比正面心理效应更容易被检测到。举个例子,夫妻之间的负面互动对婚姻质量的影响大约是正面互动的10倍。假如一名心理学家要研究婚姻,他会选择正面因素还是负面因素?当然是负面因素,因为负面因素更容易被测量到,他就更容易发论文,对他的学术生涯也更有帮助。

当然,也有一些例外,比如人称"幸福博士"的爱德华·迪纳,他是世界上第一个用科学方法系统研究幸福的心理学家。他会遭遇什么呢?他撞上了第三个方面的影响——思想偏见。当时心理学界普遍认为,研究苦难、疾病更高尚、更深刻,而研究积极、幸福等太浅薄了。

迪纳给我们上课时曾说起他当年的经历,可谓"一把辛酸泪"。他本来一当上大学教师就兴致勃勃地准备研究幸福,可是被其他教职人员一致劝阻:"千万不要研究幸福,会拿不到终身教职的啊！"还有人讽刺他："幸福有什么好研究的，只要把痛苦解决了，人不就幸福了吗？"迪纳只能选择一个"很不幸福"的话题来研究，那就是"攻击"。等到终于拿到终身教职，他回到办公室做的第一件事，就是把桌上那些关于攻击的资料全部扔掉，开始研究幸福。

总之，在社会大势、学术风潮、思想偏见这三座大山的压迫之下，积极心理学经历了长达半个世纪的沉寂，一直到1998年才迎来了复兴。这一年，塞利格曼当选为美国心理学会主席。从此，积极心理学运动开始发扬光大。

为什么在这一年情况有了转机呢？

首先，20世纪90年代初，"冷战"结束，人类历史上第一次，全球大部分人都生活在和平繁荣之中。塞利格曼形容这是文艺复兴之后人类的第二个"佛罗伦萨时刻"——终于可以放手去研究如何让人更幸福了。

其次，在心理学界内部，科学的研究方法经过半个世纪的发展已经变得更系统、更精确，对那些原本难以研究的正面心理因素，现在也有手段可以研究了。

最重要的是，塞利格曼本人真可谓是积极心理学的"天命之子"。

塞利格曼其实是研究消极心理起家的，他的成名研究就是著名的"习得性无助"。此外，他本科读的不是心理学系，而是普林斯顿大学的哲学系。这些专业经历，再加上深厚的哲学功底，帮他轻松驳倒了那些认为积极心理学浅薄的思想偏见。

塞利格曼在做咨询的时候发现，虽然自己治好了一些来访者，让他们不再抑郁了，但他们并没有就此幸福起来。用他自己的话来形容，这些来访者只是从 –100 变到了 0，但是离 +100 还有很大的距离。他认为，心理学家必须用帮助来访者从 –100 变成 0 的同等热情，去研究怎么帮助人从 0 变成 +100。这种现身说法特别有说服力，得到了心理学界的广泛响应。

不过我认为，塞利格曼之所以成为公认的"积极心理学之父"，最关键的还是他的行动力。他不是那种"象牙塔里的科学家"，发表一两篇关于积极心理学的论文，号召其他人去研究积极心理之后，就不再做什么了，他是挽起袖子亲自下场，创造条件让更多的人可以研究积极心理。

他不仅放下教授的架子到处筹款，拉到钱来开研讨会、组建积极心理学协会、创办积极心理学杂志，更重要的是，他还资助青年科学家去做积极心理学研究。乔纳森·海特就是在塞利格曼的资助下转变了研究方向，最终成为新一代积极心理学大师的。

幸福公式

自 1998 年起，积极心理学逐渐成为心理学界发展最快的领域之一。那具体而言，它都研究些什么呢？

你马上可能会想到主观感受上的快乐、开心。的确如此，2002年，在刚刚发起积极心理学运动后不久，塞利格曼就出版了《真实的幸福》（*Authentic Happiness*）一书，讲述了积极心理学的基本理念，并提出了非常著名的1.0版的幸福公式：

幸福 = 积极情绪 + 投入 + 意义

积极情绪是感到快乐、开心，投入是在一件事上获得心流，再加上觉得人生有意义——这就是幸福。简单来说，这一时期的积极心理学研究的是如何让人获得主观上的幸福感、让人自我感觉更好。今天绝大多数人对积极心理学的认识就停留在这个阶段。

但是，这门学科的发展并没有到此为止。在积极心理学蓬勃发展了十几年之后，2011年，塞利格曼又写了《持续的幸福》（*Flourish*）一书，升级了他对积极心理学的思考。顺便提一句，这本书的中文版是我翻译的。

我想提醒一个你在看这本书的中文版时可能会忽略的细节。这本书的英文名叫 *Flourish*，它的意思是"蓬勃""繁盛"，而不仅仅是"开心"（happiness）。塞利格曼的用意是，积极心理学超越了原来主要对主观幸福感的研究，上升为对所有能促进人类生命和社会更加繁荣的研究。

那么，二者的差别在哪里呢？你可以先了解下升级后的2.0版幸福公式：

蓬勃人生 = 积极情绪 + 投入 + 人际关爱 + 意义 + 成就

2.0版比1.0版多了两点，那就是"人际关爱"和"成就"。其实，它们最大的差别在于多了"行动"——幸福不仅仅是自我感觉良好，我们还必须付出努力去争取。

如今，积极心理学的发展已经远远超出了人们的预期，成为心理学里的一门显学。它的研究对象全面开花，不仅包括积极情绪、投入、自主、正念、成长型思维等，还和认知科学、脑科学等学科有了广泛的跨领域交叉。它的研究结果越来越坚定地指向以下3点：

第一，人有变得更积极的天性和能力，只要一个人做出选择和行动，就可以拥有更美好的人生；

第二，已经出现了一大批经过实证研究检验的可靠方法，能帮助我们变得更加积极；

第三，通往积极人生的道路不止一条，每个人都可以找到最适合自己的积极心理方案。

到此，总结一下积极心理学的发展。从马斯洛第一次提出"人有积极的天性，可以自主"，到随后半个世纪的"对不起，不允许你自主",再到 1998 年塞利格曼高呼"积极心理学的时代来临了";现在,心理学界认为:"其实你比你想象的还可以更自主!"

> **幸福重点**
>
> 1. 从 1998 年开始,积极心理学已经成为心理学界发展最快的领域之一,它的任务就是明确"人可以自主决定自己的一生"。
> 2. 积极心理学的研究成果越来越指向以下 3 点:人有变得更加积极的天性和能力;已经出现一大批经过实证研究检验的可靠方法;通往积极人生的道路不止一条,每个人都可以找到最适合自己的积极心理方案。

02 / 未来：你是被未来吸引，还是被过去驱使的

经过几代积极心理学家的努力，积极心理学如今不仅成为心理学的一门显学，其研究领域也全面开花，各种理论思考在持续深入。其中有两个理论，我认为是你最需要了解的，它们分别是："未来"和"行动"。

我们先来看"未来"，它的全名其实叫"展望理论"，是由塞利格曼提出的，也是近年来积极心理学非常重要的一个发展方向。

展望理论

2016年，塞利格曼联合了一位心理学家、一位哲学家和一位脑科学家共同出了一本书，叫《展望之人》(*Homo Prospectus*)。他们用大量的科学研究证明了一个观点：人是被未来吸引，而不是被过去驱使的。

塞利格曼认为，这才是积极心理学和以前的心理学真正不同的地方。心理的积极并不只是感到快乐、开心，凡事都往好处想，更是拒绝被过去定义，愿意通过自己的行动改变未来。

以前的心理学为什么重视消极、轻视积极呢？根本原因其实是重视过去、轻视未来。以前的心理学家在分析一个人的时候，往往把重点放在他过去的经历上，比如是什么样的原生家庭、什么样的童年经历让他形成了后来的性格。

那么，为什么心理学家会形成这样的思维方式呢？

因为心理学发展的早期正值物理学的巅峰时代。看上去，物理学家们似乎只用少数几个公式就把这个世界的规律给解释清楚了。打个比方，如果过去是A、B、C，那么现在必然是D、E、F，而未来必然是X、Y、Z。用著名学者皮埃尔-西蒙·拉普拉斯（Pierre-Simon Laplace）的话来说就是，"只要你告诉我全宇宙所有粒子的状态，我就能够推断出从现在开始直到永远的世界的每一个状态"。因此，早期的心理学家一心想构建一个类似于物理学这样的体系：只要知道了一个人的过去，就能推测出他的现在和未来，甚至可以把他当作机器来操纵。

但是，人和机器有一个极为重要的区别：人有主观能动性，人会做选择。在做决策的时候，并不是你有这样的过去，必然就会做那样的决策。过去只能对你有所影响，但你最终做出选择，靠的是想象不同决策可能带来的不同未来，再从中选择一个你最想要的未来。也就是说，最终决定你现在要采取什么样的行动的，是你对未来的想象。

心理状态也一样。比如你感到消沉，表面上是因为过去太悲惨、现在太艰难，但本质上是这些悲惨、艰难让你觉得未来没有希望。再比如，你感到愤怒，表面上是因为有人对你不公平，但其实是因为这些不公平让你觉得你必须反击，才能改善未来。

你发现了吗？人类进化出的所有心理机制都是为未来准备的。进化并不关心过去，因为过去已经无法改变了，重要的是你接下来采取什么样的行动去塑造什么样的未来。

比如，积极心理学近年来的一个重要研究进展是"创伤后成长"。我们知道，有些人在经历创伤事件之后，一直陷在心理创伤中走不出来，比如战争、地震、被性侵、亲人去世等。但是，美国心理学家理查德·特德斯基（Richard Tedeschi）和劳伦斯·卡尔霍恩（Lawrence Calhoun）发现，还有很多人在创伤之后虽然经历了短期的应激障碍，但是他们的心理最终变得更强大。

用尼采的话说就是，"杀不死我的，必将使我更强大"。2017年，国内的一项研究发现，"创伤后成长"发生率是52.6%。也就是说，在经历创伤之后，有一半多的人其实并没有一直消沉下去，反而得到了成长。

你看，以前的心理学强调过去对人的影响，就把人束缚在了过去，好像如果你童年不幸，如果你最近遭遇了创伤，你就毫无办法，只能被过去拉进深渊。但积极心理学把人从过去中解放了出来，让人意识到，生活的根本动力是为了实现更好的未来，这就把人生的主动权拿回自己手中。所以，积极心理学是一门尊重过去，但主要面向未来的学科。

大脑的预测编码理论

当然，你可能还会"犯嘀咕"：塞利格曼的观点确实挺激动人心的，但是靠谱吗？

我要告诉你的是，这个观点确实是科学的。近年来，脑科学界兴起了一个新的理论，叫作大脑的"预测编码理论"。这个理论认为，人类的大脑并非我们通常认为的那样，只能被动地对世界做出反应，而是可以主动地对世界做出预测，然后不断调整自己的预测模型，使它越来越准确。你看，大脑本质上就是面向未来的，能通过主动预测，而不是被动反应，来协调身心。

那大脑为什么要主动预测呢？为了效率。

"预测编码"这个词源于计算机图像压缩技术。比如把一张高清大图压缩成小文件，背后的原理就是根据已知的像素去预测下一个像素：如果符合预测，就不需要额外存储这个像素的信息；只有不符合预测的才需要被记录下来，同时更新算法，预测新的像素。比如，一幅图画里相近的几个像素都是蓝色的，那就可以比较有把握地预测下一个像素也是蓝色，一旦遇到红色的像素，系统就会记录下来，并预测下一个像素也是红色的，这样就大大节省了图像文件的空间。

人类的大脑运行也是一样的。据估计，我们的大脑每秒钟大约能有意识地处理 50 比特的信息，相当于每秒钟处理 5 个词——这已经很高效了。但是大脑每秒钟收到多少信息呢？1000 万比特！也就是说，对于涌进来的信息洪流，大脑只能处理其中的 1/200000。

好在人类所处的环境和图像一样，都是有规律可循的，绝大部分信息都符合预期。如果你的身体在正常运转，周围的气温、声音、光线都保持稳定，那么大脑就没有必要把宝贵的资源分配给这些信息。

所以，大脑进化出了一种更加聪明的运动方式：主动对世界进行预测，提前布置好任务——如果预测准确，那就按计划办事；如果预测不准确，再根据情况调整模型。

在阅读前面那段话的时候,你的注意力在哪个时刻最集中?肯定是看到"调整模型"这几个字的时候,因为它们下面加了圆点,这不在你的预测之中,所以你的大脑会特别留意它们。而其他文字呢?基本上都在你的预测之中,因此你的大脑就不用特别费劲地去处理它们了。

那么,如果不符合预期,大脑是不是立刻就会调整模型呢?其实也不是。大脑会根据源有的模型,并参考新来的信息,做一个条件概率的计算,来综和判断。

你有没有注意到,其实上面这段话里的后一句有两个字错了:"源有"应该用"原有","综和"应该用"综合"。我是故意这样做的,但你很可能没有发现。为什么呢?因为根据上下文就该出现"原有""综合"这两个词,虽然写法和你的预期不完全一样,但是由于你曾经看过无数次"原有""综合",你的大脑就把拼写上的小小误差自动忽略了。

也就是说,大脑原有的模型会影响我们对世界的认知。原有的模型是从哪里来的呢?实际上来自数不清的训练数据,也就是你的人生经历。

举个例子,你先看一眼图 1-1 中的两张脸。你是不是觉得,无论哪一张,看上去脸都是外凸的?但为什么左右两张脸的阴影方向不同呢?

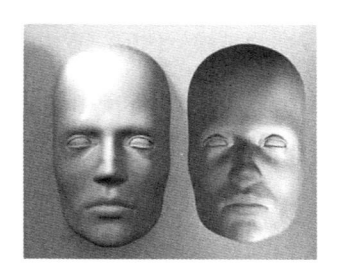

图 1-1

答案很简单，因为右边的脸其实是凹陷下去的（图 1-2）。

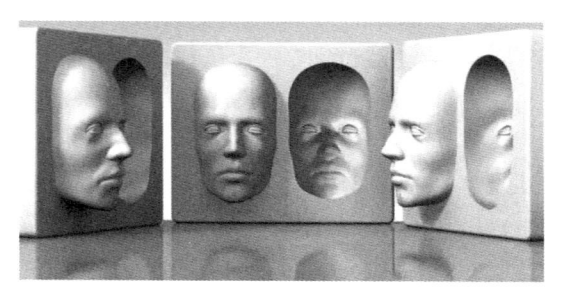

图 1-2

为什么一开始你会看错？因为从你生下来到现在，你的大脑恐怕见过几十亿次人脸了，就没有一张人脸是凹进去的！也就是说，你的大脑里关于人脸模型的所有训练数据都是往外凸的。因此，当你看到人脸时，你的大脑自动就把它预测为是往外凸的，哪怕有一点往里凹的痕迹，你的大脑仍然会固执地认为："忽略它们，我原来的模型才是对的！"

除非你仔细看很久，才能慢慢地分辨出来：哦，确实有一张脸是向里凹的。这是因为有相反的证据存在，毕竟一个画面上怎么可能出现两种投影方向——大脑最终被迫调整了自己的模型。

值得注意的是，大脑的预测编码不仅仅体现在听觉、视觉上，还会对我们的情绪、想法和行动都产生根本性的影响。由于大脑在绝大多数情况下会按照已经建立好的模型去运行，因此，如果你建立的是积极的模型，那你就会有比较积极的情绪、认知和行动，反之，你的情绪、认知和行动就会比较消极。

所以，我才会在前文强调，积极心理学尊重过去，但主要面向未来。一方面，你目前的大脑模型是偏积极还是偏消极，主要是由过去的经历训练出来的；但更重要的是另一方面，那就是既然我们的情绪、想法和行为在很大程度上受大脑模型的影响，那我们自然可以主动给大脑建模，把它引导到我们想要的方向上。

> **幸福重点**
>
> 1. 积极心理学和以前的心理学的根本差异在于，积极心理学认为人是被未来吸引，而不是被过去驱使的。
> 2. 大脑不是被动地对世界做出反应，而是主动地对世界做出预测。
> 3. 我们可以干预大脑模型，让它做出更加符合自己利益的预测，而不是浑浑噩噩地被过去的经历、周围环境牵着鼻子走。

03 / 行动：做积极的事，就有积极的心态

塞利格曼认为积极心理学最核心的概念之一就是"未来"，即"展望理论"：人是被未来吸引，而不是被过去驱使的，我们可以主动干预大脑模型，让它做出更符合自己利益的预测。

可问题是，我们要怎样干预大脑模型呢？只是让自己想开点、积极起来，就可以了吗？当然不是！接下来，我来介绍积极心理学的第二个核心理论——"行动"，也叫"主动性理论"。

塞利格曼的主动性理论

2019年，我参加了第六届国际积极心理学大会。塞利格曼作为大会最重要的嘉宾，发表的演讲主题是——主动性。这是一种类似于"我要去影响世界"的信念，主要由3个因素构成：自信、面向未来的乐观及解决问题的创造力。塞利格曼说这是他"一生学问的总结"。

此话一出，台下的听众都愣住了：你一生学问的总结难道不该是积极心理学吗？主动性能算是对整个积极心理学的总结吗？

当时，我想到的是以前在宾夕法尼亚大学读应用积极心理学研究生的时候，塞利格曼一直强调积极心理学重在行动。比如，他提出了一种帮助人摆脱悲观的方法，叫"习得性乐观"。当时他说，这种方法并不意味着让人越乐观越好，只是悲观会让人选择放弃、不行动，而乐观会让人行动起来——只有行动才能改变状况，"躺平"是不能真正改善任何处境的。所以塞利格曼经常说："积极心理学至少有一半是在脖子以下。"

他还曾在课堂上问我们："你们读应用积极心理学研究生，那'应用''积极''心理学''研究生'这4个词里哪一个最重要？"大家都回答：肯定是"积极"啊！他却认为是"应用"。

他解释说："学术研究当然重要，我们要用科学去探索改变世界和人类的方法，可一旦探索出了这种方法，当务之急就是应用它。因为积极心理学不是象牙塔里的学问，而是跟每个人都相关的科学，尤其需要把它变成落实在每个人身上的行动。"

把塞利格曼对于行动的强调和他在大会上提出的"主动性"联系起来，我就豁然开朗了。主动性的意义并不仅仅在于它是一种积极的信念，更重要的是，这种信念能引发人的主动行为，让人们积极地改造自己和世界。这正是积极心理学的目标，它不是为了让人感觉良好，而是为了让人持续提升。

用一句话概括就是，积极心理学是一门关于积极行动的科学，它研究的是哪些积极情绪、积极认知会导向积极行动，以及如何去实践积极行动。

预测编码理论就是身体行动理论

为什么塞利格曼这么看重积极行动呢？

要理解透这一点，我们还得回到大脑的预测编码理论上。这个理论认为：大脑是靠预测来主动掌控自己的行动的，而不是坐等外界信息传来后才被动应对的。

由此出发，我们可以得出一个重要的结论，那就是人的认知和行为并不是两个不同的心理过程，而是同一个心理过程在大脑和身体上的不同体现。一方面，一个人的大脑模型主要是由过去的经历训练出来的，它会在很大程度上影响人的情绪、想法和行动；另一方面，既然情绪、想法在很大程度上受到大脑模型的影响，而大脑模型又受到过去的经历和行动的影响，那么自然地，我们可以主动发起行动，给大脑重新建模，进而反过来影响我们的情绪和想法。

换句话说，情绪、认知和行动的影响是相互的，它们永远处在不停息的互动和升级之中。说得更极端一点，大脑的预测编码理论其实就是身体行动理论。人的情绪、认知和行动本身就是一回事。

你可能觉得这看上去有些抽象，我再详细拆解一下这个过程。

首先，大脑做出预测就是为了告诉身体该怎么行动。现代心理学的奠基人威廉·詹姆斯（William James）说过："我们的思考，完全是为了我们的行动。"也就是说，认知不是为了理解世界，而是为行动服务的，毕竟只有行动才能保证我们的生存。

其次，大脑想要验证或调整自己的模型，唯一的方法只有行动。只有行动起来，大脑才能跟世界发生互动，得到外界的反馈数据，进而调整模型。换句话说，行动也为认知服务。

假设你在房间里忽然听见窗户发出一声响，你肯定会不假思索地抬头望向窗户，因为这一声响和你大脑的预期不一致。然后，你看见窗户下的窗台上有个黑乎乎的东西。你的大脑无法解释这是什么，它对真实世界建立的模型出现了误差，怎么办？这时候，你可能其实已经站起身来朝窗台走过去了，你一边走一边打量，同时更多的信息进入你的大脑。走近以后，你看到那个东西好像在动，你的大脑立刻预测它可能是只鸟，然后你的眼睛扫描这个东西，找到了羽毛、眼睛、爪子，最后肯定它是只麻雀。你的大脑明白了：刚才是这只麻雀撞到卧室窗户上了。

注意，虽然我在语言上必须分先后顺序来描述身体行动和大脑预测，但实际上它们是同时发生的，身体并不需要等待大脑的指令，因为大脑此前的预测已经告诉了身体该做什么。

比如，你看到鸟的轮廓时，你的大脑就预测你会看到羽毛，这时你也确实看到了羽毛，你的大脑接着预测你会看到爪子，你同时移动目光，果然看到爪子。也就是说，大脑的思考和身体的行动处于高速动态反馈、相互印证之中。

最后，最为重要的是，在这个采取行动、调整模型的过程中，行动能改变外部世界，使外部世界更符合大脑的预测。

当你发现一只受伤的麻雀落在窗外，接下来，你肯定会打开窗户把它小心翼翼地捧回家救治。为什么？因为你的大脑里有个"人类应该爱护小动物"或"我是一个爱护小动物的人"的模型，因此，把麻雀捧回家救治才符合你的大脑的预期，不然它就会感到自己的模型出错了。

于是，大脑就能更好地进行下一步的预测，进而导向下一步的行动。

其实，这个理论还能回答我们都很关心的另一个问题：为什么知道了那么多道理，却总也过不好这一生？根本原因就在于，我们只是知道了某个（或某些）知识点，但并没有将其内化到自己的预测模型中，就像王阳明说的"知而不行，是为不知"。比如，你知道要去健身，但并没有把"我要去健身"更新到你的大脑模型里，它根本就没有预测你会去健身，那你怎么可能去健身呢？

简单总结一下：认知和行动的影响是相互的，它们永远处在不停息的互动和升级之中；我们可以主动发起行动给大脑重新建模，进而反过来影响我们的情绪和想法。

行为激活疗法

如果你觉得这个理论仍然太抽象了，那我再用"行动治疗抑郁症"的例子来讲解一下，行动到底有多大的作用，可以在多大程度上影响人的认知和情绪。

目前，治疗抑郁症最主流的方法是认知疗法，顾名思义，就是通过改变患者的认知来改变其情绪。不过，最近兴起的一个新流派叫"行为激活疗法"，其最主要的主张是，不用管任何认知，直接让来访者行动，就能改变其情绪。这种疗法一共有 10 条核心原则，第一条是：改变人们情绪体验的关键是改变行为方式。

换句话说，认知疗法的治疗思路是，如果某个道理对抑郁症患者讲不通，那就换个花样继续讲道理；而行为激活疗法的思路是，既然道理讲不通，就别讲了，直接让患者采取行动，因为行动会带来新的体验。比如，完成一项小任务的成就感、运动之后的酣畅淋漓感、和朋友一起聊天的温暖感，这些感受反馈到大脑里，会缓慢但坚实地更新患者大脑的模型，最终就能改变患者的认知和情绪。

1996年，华盛顿大学的研究团队做过一项试验：把150名成年抑郁症患者随机分成3个小组，对其分别采取行为激活疗法、行为激活疗法加上部分认知重建、全套的认知行为疗法（认知疗法叠加行为激活疗法）进行治疗。注意，这3个小组都采用了同样的行为激活疗法，但是对认知疗法的使用程度不同。结果发现，在长达两年的追踪期间，这3个小组的患者的治疗效果没有表现出差异！也就是说，认知行为疗法的疗效似乎都来自行为，跟认知没有关系。

这个研究结果立刻引起了心理治疗界的巨大反弹，很多人指责研究设计得不严谨。2006年，研究团队再次比较了行为激活疗法、认知疗法和药物疗法，结果仍然发现3种疗法的效果基本相当。这就说明，行为确实可以反过来塑造认知和情绪。这正是行动的神奇魔力，也是塞利格曼看重主动性理论、强调积极行动的原因。

从这个角度看，王阳明那句"知而不行，是为不知"后面其实可以再补一句——"不知而行,其实已知"。

就像《论语》里说的,"贤贤易色,事父母,能竭其力;事君,能致其身;与朋友交,言而有信。虽曰未学,吾必谓之学矣"。哪怕你没上过学,不知道那些大道理,但只要能做到正人君子该做的事情,那你就是真有学问。

现在,我猜你对"积极心理学是面向未来的心理学"有了更深刻的体会。

幸福重点

1. 积极心理学是一门关于积极行动的科学。它研究的一切,最终都指向行动。
2. 情绪、认知和行动的影响是相互的,我们可以主动发起行动,给大脑重新建模,进而反过来影响我们的情绪和想法。
3. 你不需要关注自己的情绪好不好、懂的道理多不多,你只要去做积极的事情,自然就会有积极的心态、积极的认知。

04 脑科学：你的大脑，天生积极

在前文中，我为你介绍了积极心理学的两个基石性理论——展望理论和主动性理论。不知道你会不会犯个嘀咕：积极心理学家推崇的这些理论靠谱吗？它们有没有坚实的科学依据呢？其实，这个学科背后有两根坚实的科学支柱：脑科学和进化心理学。

不仅积极心理学如此，整个现代心理学都在变得越来越规范化、系统化，任何心理机制都必须在这两个层面得到支持。

脑科学研究的是：某种心理机制在大脑里究竟是如何发生的？

进化心理学研究的是：人类为什么会进化出某种心理机制？

这一篇，我们先聚焦于脑科学。

2016 年，塞利格曼和几位科学家一起合作编写了一本书，叫《积极神经科学》（*Positive Neuroscience*）。这本书系统地解释了各种积极心理的脑神经机制。用一句话来概括就是：人的大脑，天生积极。

这本书写得比较专业，里面满是"腹侧纹状体""伏隔核"这类专业名词，得对着一张大脑扫描图像才能理解清楚。为了帮你更好地理解书里的核心观点，我设计了另一条路径，那就是通过 4 种神经递质来理解这些机制。

神经递质是指在神经元之间传递信息的物质。比如肾上腺素就是一种神经递质，在遇到突发事件时，身体会分泌肾上腺素，让你进入战斗或逃跑的应急状态。

在积极心理学里，最重要的神经递质有"四大金刚"，分别是多巴胺、内啡肽、催产素、血清素。你也许听说过这些名词，不过它们之间的关系可能比你想象的要更复杂。

多巴胺

先来看最为人熟知的多巴胺。

人们往往把多巴胺等同于快乐，它甚至还有"快乐使者""幸福激素"这样的"外号"，这是为什么呢？这要追溯到 1954 年的一项实验：科学家把电极埋入老鼠大脑的某一个特殊脑区，老鼠一按按板，就会有电流刺激那个脑区。结果，老鼠疯狂地爱上了这种刺激，它们不吃、不喝、不睡，一直不停地按按板，直到筋疲力尽。

这可不是因为这些老鼠愚蠢。无论哪种动物，甚至包括人类，只要接受这项实验，表现都和这些老鼠一样。动物不会说话，但是人类参与者反馈说，这种刺激会带来巨大的兴奋和快感，让人欲罢不能。进一步的研究发现，这个脑区在被刺激时会分泌大量多巴胺。

一系列相关研究结果发表之后，多巴胺立刻声名大振，很多人甚至认为快乐的秘诀似乎终于被人类发现了：分泌多巴胺就行了。

但是，近年来更深入的研究让剧情发生反转。科学家做了这样一项实验：每次给猴子发食物前，会亮起一个灯泡。一开始，猴子没摸清楚规律，找到食物后，其大脑就会分泌多巴胺——这符合原来的假设。但是，一旦猴子把灯泡和食物联系起来，只要灯泡亮起，它们就会分泌多巴胺，反而拿到食物时没有分泌多巴胺。

这说明什么呢？说明多巴胺真正的作用不是带来快乐，而是激发预期。让我们分泌多巴胺的并不是"好东西"本身，而是期待"好东西"的惊喜感。所以，多巴胺并不是"快乐使者"，它更准确的称呼应该是"期待使者"。

华盛顿大学的心理学家丹尼尔·利伯曼（Daniel Lieberman）和迈克尔·朗（Michael Long）共同出了本书，叫《贪婪的多巴胺》（*The Molecule of More*），他们在书里直接写道："说一件事物是'重要的'，差不多就等于说它与多巴胺有关……多巴胺的一项重要任务就是作为一个预警系统，提醒我们留意任何能帮助我们生存的事物。"

这样看来，多巴胺是不是越多越好？也不是。太多的多巴胺会让你把任何事情都当成重要目标，你就分不清什么才是真正重要的，甚至还会把次要目标放到重要目标之前，本末倒置。

《贪婪的多巴胺》里讲了这样一个案例：有个叫安德鲁的男子，每天晚上都到酒吧里去搭讪女人。可是，当他真的搭讪成功，对方同意跟他回家时，他会突然觉得意兴索然，用书里的话形容就是"追逐结束了，一切都变了"。他对此感到很厌倦，可又管不住自己，一有机会仍然往酒吧跑。

这其实就是因为安德鲁的多巴胺分泌过多了，以至于他过于期待未来，却不能好好地享受当下。

那么，哪些神经递质能帮助我们更好地享受当下呢？其实除了多巴胺，"四大金刚"中的另外3个都可以。接下来，我一个个为你介绍。

催产素

先来看催产素。从字面意义上看,它好像是帮助女性分娩用的。催产素确实有这个作用,但是它并不局限于此,更不局限于女性,它是所有人类在体验到人际关爱时都会分泌的一种神经递质。比如你和爱人拥抱、和朋友一起聊天或回家看到家人的那一瞬间,你的大脑都会分泌催产素。

因此,催产素有一个外号,叫"爱的激素"。它能让我们对别人形成更加友好的回忆,更能与人共情,也更愿意维护自己所属群体的声誉,同时减少对其他群体的偏见。

催产素在亲密关系里的作用就更大了。实验发现,如果朝吵架中的夫妻双方鼻子上喷一点催产素,可以帮助他们友好地解决问题。催产素还能帮助恋爱中的人保持稳定关系,让他们对伴侣更加忠诚。从这个角度看,那个叫安德鲁的男子也有可能是天生缺少催产素。

内啡肽

另一种积极心理神经递质是内啡肽,它是我们人体内部产生的类似吗啡的肽类化合物。

你肯定听说过吗啡,它的功能除了止痛,还会让人产生巨大的愉悦感，以至于很多人把吗啡当成毒品来使用。所以，如果你需要吗啡来止痛，必须有医生开具的处方。

但其实，有一个简单的方法就能得到同样的快感，那就是让你的大脑分泌内啡肽。怎样才能促使内啡肽的分泌呢？方法还真不少，比如冥想、跳舞、做按摩、听音乐，等等。不过，最好的方法是运动，尤其是长时间的有氧运动。

这是为什么呢？一切都跟进化有关。我们人类的祖先爪不尖、牙不利，还没有蛇的毒液，但有一种运动能力可以"秒杀"其他动物，那就是长跑。古人类在狩猎时虽然有简陋的武器，但如果一击不中，就只能跟在猎物后面跑，最后通过把猎物累死的办法获胜。

我曾经看过一个报道，说肯尼亚某地的居民埋伏起来抓猎豹，结果猎豹跑了，他们就跟在后面追。要知道，猎豹可是世界上跑得最快的动物。但是你猜，他们追了多久就把它给"拖"死了？才追了6千米而已。猎豹虽然是短跑冠军，但在长跑上远远不是人类的对手。

可是，长途奔跑既无聊又令人浑身疼痛，人类是怎样坚持下来的呢？这就要归功于大脑进化出的一种机制：人在奔跑一段时间之后，大脑会分泌内啡肽等物质。一方面帮人止痛，克服身体的疼痛感；另一方面让人觉得爽，鼓励人锲而不舍地跑下去。英语里有个说法叫 runner's high，意思就是"跑嗨了"。

如果你经常进行跑步、游泳、骑自行车、跳操等有氧运动，可能有过这样的感受：越运动越爽，根本不想停下来，而且一天不运动就浑身难受。这就是你的身体对内啡肽上瘾了，它提醒你赶紧去运动。

血清素

最后，我要介绍的积极神经递质叫血清素。它和多巴胺是一对冤家对头，相互抑制。它们俩同样都能引发积极情绪，但多巴胺让人产生的是兴奋、冲动，而血清素给人带来的是平静、安宁的愉悦感。

多巴胺会推动我们去争取，血清素则让我们享受愉悦。比如，当你看到一桌美食，多巴胺会让你先去获取食物，等食物进入消化道后，管腔细胞就会释放血清素，让你愉快地享受美味。与此同时，血清素还会激活多巴胺产生细胞上的某一种受体，抑制多巴胺的释放，因为这时候你已经感到满足了，不需要再去争抢食物了。

平衡

这样看来，虽然多巴胺有不少坏处，但我们并不是要减少多巴胺，而是希望这 4 种积极神经递质能达到平衡，通力合作，让我们不仅有充足的动力进取、达成目标，还能在达成目标之后好好享受胜利的果实。

在这篇文稿写到一半时，我和我的家人一起去看了电影《长安三万里》。这部电影把李白塑造得既潇洒不羁、才华盖世，同时又放浪形骸、天真幼稚，甚至还有些投机。这引发了不少争议。有人说"这个片子是来'黑'李白的吧"，也有人说"我一直以为李白是'诗仙'，原来是个酒鬼啊"。

我倒是很能共情这样的李白，他就是典型的"多巴胺过多"人格。我经常开玩笑地把李白称为"多巴胺型诗人"，杜甫则是"少巴胺型诗人"。

李白的诗大开大合，要么负面情绪满溢，要么豪迈奔放，而杜甫的诗则是"黄四娘家花满蹊"这样血清素式克制的快乐。李白的诗的内容以个人感受居多，杜甫则有"三吏""三别"这样同情老百姓的作品，满满的都是催产素的气息。李白斗酒诗百篇，创作时都是一挥而就，杜甫则会"为人性僻耽佳句,语不惊人死不休"，用内啡肽式的坚持苦苦打造佳句。

虽然千百年来一直有人争论李白的诗、杜甫的诗哪个更好，但我觉得，他们就像矗立的双峰，风格完全不同，而中国诗歌无论少了他们俩哪一个人的作品，都是巨大的缺憾。多巴胺和催产素、内啡肽、血清素的关系，也是一样。

总结一下，对于多巴胺、催产素、内啡肽和血清素这 4 种对积极心理最重要的神经递质，我们不用纠结哪个好、哪个坏，更应该重视和追求它们之间的平衡。我们追求的是，既展望未来，又享受当下，在需要行动时动力满满，在需要平静时快乐安详。

> **幸福重点**
>
> 1. 积极心理最重要的 4 种神经递质分别是多巴胺、催产素、内啡肽和血清素。
> 2. 我们的目标是让这 4 种神经递质达到平衡，并能通力合作，既能让我们去进取、达成目标，又能让我们在达成目标后可以好好享受。

05 进化心理学：适者生存？积极者生存！

上一篇，我为你介绍了积极心理学背后的脑科学支持，这一篇，我们再来看下进化论为人类积极心理的研究提供了什么样的依据。

其实，人进化出消极心理的原因比较容易理解，无非就是人在面对恶劣环境时要保护自己、争取生存嘛！可是人为什么要进化出积极心理呢？简单来说就是，积极者生存，积极心理可以给人带来额外的生存优势。

人天生就会选择做事

我一直强调,积极心理的本质是让人更愿意采取行动,这当然是有进化优势的——采取行动才能得到更多生存、繁衍的机会。

但你可能会质疑:人类的天性不是好逸恶劳吗?其实不是。

美国心理学家弗雷德·丹纳(Fred Danner)和爱德华·隆基(Edward Lonky)做过一项实验:先测量了一群4~10岁孩子的认知能力,然后让他们选择自己想要做的任务。你以为孩子们会挑选最简单的任务吗?不是的。无论年龄大小、能力高低,他们都会选择正好比自己当前的能力能胜任的稍微高一点的任务。

如果对教育理论比较熟悉的话,你可能知道,这种"跳一跳,够得着,但是不跳够不着"的任务处于"最佳学习区",处理这样的任务,人的能力提高得最多也最快。也就是说,孩子在自发的状态下,其实天生是喜欢挑战、提升自己的。

随后,心理学家又在前一项实验的基础上,根据孩子们在任务中的表现给出奖励或表扬,结果发现,这些奖励或表扬反而使某些孩子的内在动机下降,让他们不那么想要挑战了。

既然人类天生是喜欢行动、勇于挑战的,那为什么很多时候我们不想挑战呢?答案是因为各种外界因素的影响,比如害怕失败之后被人嘲笑,担心付出精力却没有收获。所以,我们要做的不是指责自己或孩子懒,而是要构建环境,使自己或孩子重新进发出"我本爱挑战"的天性。

人天生就会选择做好事

人类不仅仅天生会选择行动，还天生会选择好的行动，就是那些有道德、有意义的好事，比如帮助别人。

对于这一点，有些人可能会不同意。比如，荀子说"人之性恶，其善者伪也"；理查德·道金斯（Richard Dawkins）在《自私的基因》(*The Selfish Gene*) 一书里写过基因都是自私的，人怎么会去帮助别人呢？一个人花费自己的精力和资源去帮助别人，应该是不利于生存的啊？

对于人性善还是性恶这种形而上的问题，本文不做讨论，我们来思考一个问题：既然基因都是自私的，那我们为什么还会帮助别人呢？

其实，这个问题连达尔文本人都大感不解，他甚至说"这是我理论的一个无解的命门"。但这个谜团被后来的科学家解开了。

首先，进化的基本单位不是你我这样的生物个体，而是一个个基因。在远古时期，同一个部落里的人基本上都是亲戚，彼此共享很多基因。因此，如果你身上有一个基因会促使你帮助别人，那么你帮助的大概率不是跟你毫无关系的陌生人，而是跟你共享了很多基因的亲人。这样一来，这些共享的基因就更有可能存活，进而传播开来并遗传下去。

其次，哈佛大学的心理学家罗伯特·特里夫斯（Robert Trivers）提出了助人的"互惠理论"。简单来说，在远古时期，由于生存环境极为艰难，人类祖先必须组成团体才能更好地存活下来。这时，那些愿意主动帮助别人的人，更可能得到别人的帮助，也就有更高的概率生存下来。

所以，并不是善良让人助人，而是助人能使自身的基因得到更广泛的传播，于是人类才进化出善良的天性。

进一步说，人类的其他道德心理也一样。人类进化出正义感，是因为反击坏人有利于生存和繁衍；进化出集体荣誉感，是因为维护集体的声誉也能帮助其中的个体；进化出对家人的爱，是因为那有利于自己基因的传播。

也就是说，为了延续生存，人类天生就有道德之心。我们不仅天生喜欢做事、行动，而且天生就想要做好事、当好人。

人做好事时有积极情绪

不过，如果人一直做好事、当好人，好像挺苦、挺累的，怎么办呢？

孔子说过，"知之者不如好之者，好之者不如乐之者"。知道如何行动，挺好的；喜欢为了一个有道德的目标去行动，更好；

不过最好的还是乐在其中,而我们本身也乐于做这种行动。

现在问题来了:为什么对于有些行动,我们会乐在其中,而对于另一些行动,反而会感到很痛苦呢?这就要说到情绪的进化功能了。

人类为什么会进化出情绪?其实还是为了行动。

情绪最重要的功能并不是表达喜怒哀乐等感受,而是快速协调我们对外界的反应。比如你在野外看见一只老虎,如果你先用理性分析判断出它对你有危害,然后才感到害怕,决定逃跑,那你很可能已经被老虎吃掉了。进化的解决方案是靠情绪"绕过"理性,直接让你血压飙升、心脏狂跳,转身就逃。所以,情绪最重要的功能仍然是让你对外界做出最适合的反应。

再如,如果你在股市上赔了一大笔钱,遭受了重大损失,会感到全身软绵绵的,一点力气也没有,任何事情都不想做。这看上去很消极,对吧?但其实,这是你遭遇损失时的正确反应:先停下来,再反思哪里错了。如果你都遭受了损失还一路高歌猛进,那岂不会损失更大?

积极情绪也一样。快乐是有好事发生,让我们身体放松,准备享受好事的收获。兴奋是有重大潜在价值的机会出现,让我们心跳加快、瞳孔收缩,全身充满斗志,准备抓住机会大干一场。爱是我们看到喜欢的人,身体感到温暖,想要靠近对方,并继续发展、深化跟对方的关系。

总结起来就是，消极情绪协调我们对坏事的反应，积极情绪协调我们对好事的反应。但是，这两种情绪的协调机制并不相同。

消极情绪带来的是"回避性目标"，也就是你的行动是为了从某种情境中逃避出来。在达成目标前，你会感到紧张、焦虑；在达成目标后，你不见得有多快乐，更多的感受是如释重负，松了一口气。

而积极情绪带来的是"趋近性目标"，也就是你的行动是为了收获结果，你在达成目标后会感到很开心、很快乐。在做好事的过程中感受到的积极情绪，就是进化给我们的馈赠。

积极和消极的关系

讲到这里，我要再请出前文提到的马斯洛。对于马斯洛的需求层次理论，你一定很熟悉。他把人的需求由低向高分别排为生理需求、安全需求、社交需求、尊重需求以及自我实现的需求，然后又把高层次的需求定义为成长需求，把低层次的需求定义为匮乏需求。那这两大类需求有什么区别呢？

马斯洛认为，匮乏需求是你越匮乏越想得到的需求，你得不到的时候很痛苦，可一旦得到后，又会立刻停止需求。比如，在肚子饿的时候，你非常希望能大吃一顿，但是一吃饱，你甚至不想再多吃一口。而对于创造、审美、助人这些成长需求，人是越满足越想要。你越是创造价值、欣赏艺术、帮助别人，就越想更多地享受这些高层次需求。

结合前面介绍过的现代心理学研究，我们可以得出这样一个结论：匮乏需求是由消极心理驱使的，我们害怕得不到温饱和安全，但一旦获得，就会停止需求；而成长需求是被积极心理吸引的，我们永远想要收获更多的自我实现。

如果把人比作一棵树，那么消极心理会让我们往下扎根，保护我们的生存；积极心理则让我们向上生长，开花结果。

当这两种需求发生冲突时，哪个更重要？当然是生存更重要。不过，树的生命意义在于开花结果，而不是扎根——扎根是为了更好地开花结果；人的生命意义在于自我实现，而不是保护自己——保护自己是为了更好地自我实现。消极心理虽然强大且有用，但归根结底，我们还是为了积极心理而活。

树的使命是枝繁叶茂，把绿意撒播四方。人的使命是自我实现，过上自主且有意义的一生。而进化已经为此做好了准备，它使得我们天生就会选择做事、选择做好事，并且乐在其中。这就是积极心理的进化意义。

"你不是被过去驱使，而是被未来吸引"这句话，其实可以升级为"你不要被消极心理驱使，而要被积极心理吸引"。

我们当然要感谢消极心理的"提醒"，感谢它对我们生存所做的贡献，但是归根结底，消极心理不是人生的指明灯。我们不能靠好吃懒做、自私自利度过这一生。那些让我们愿意做事、做事后感觉有意义的积极心理，才是人生的北极星。

> **幸福重点**
>
> 1. 人类天生是喜欢行动、勇于挑战的，只是各种外界因素让人们丢失了这部分天性。
> 2. 为了延续生存，人类天生就有道德之心。我们不仅天生喜欢做事、行动，而且天生就要做好事、当好人。
> 3. 匮乏需求是由消极心理驱使的，成长需求是被积极心理吸引的。人的使命是自我实现，过上自主且有意义的一生。而进化为此做好了准备，让我们天生就会选择做事、选择做好事，并且乐在其中。

第二章

究竟什么才是幸福

01 / 幸福理论：越有钱就越幸福吗

了解了积极心理学的底层逻辑后，我们开始进入第二模块的学习，我会为你逐个讲解积极心理学关注的重要课题。我们先从积极心理学最热门的课题开始，那就是"幸福"。

越有钱，越幸福吗

如何收获幸福，是一个千古难题，哲学家们讨论了几千年都难以争出个结论。不过近几十年，心理学家用科学的方法逐渐为我们找到了答案。

究竟什么是幸福？很多人的回答都是："越有钱，越幸福！"事实是不是如此呢？答案是：是，又不是。

《思考，快与慢》(*Thinking, Fast and Slow*)的作者丹尼尔·卡尼曼（Daniel Kahneman）及其合作者在2010年利用45万人的调查数据，研究了收入和幸福的关系，结果发现了一个有趣的现象：一个人的幸福程度确实和收入有关，不过，收入对幸福的影响方式要分成3类。

具体来说：对收入较低的那1/3的人来说，钱越多，他们的痛苦和压力就越少，快乐就越多，也就越幸福；而对中等收入的那1/3的人来说（可以大致理解成中产阶级），虽然钱越多，他们的幸福感越强烈，但是幸福感提升的幅度明显变小了；而对位列前1/3的高收入群体来说，钱和幸福基本上没关系，他们拥有再多的钱，也不一定能获得更多的幸福。

这就应了作家王朔的那句话："钱不是万能的，但没钱是万万不能的。"

可是，多赚钱总是没错的吧？未必。卡尼曼的研究是一个相关性研究，相关不等于因果，不仅仅是更多的钱可能带来更多的幸福感，更多的幸福感也可能帮助人赚到更多的钱。

比如，"幸福博士"迪纳追踪过一些美国大学毕业生长达19年的数据，结果发现：那些在大学里就比较快乐的人，在19年后收入更高、工作更稳定，对生活也更满意。

迪纳还统计了当年那些大学生的家庭收入情况，他发现：来自比较贫穷家庭的大学生中，比较快乐的人，19年后的平均年收入是53000美元，而比较不快乐的人是43000美元；来自普通家庭的大学生，快乐的人的平均收入是65000美元，不快乐的人是50000美元；来自有钱家庭的大学生中，快乐的人的平均收入是77000美元，不快乐的人是56000美元。

我们从中能发现，一方面，阶层的区别确实存在，无论快乐还是不快乐，如果父母比较有钱，孩子总的来说会挣得更多。但另一方面，也是更重要的，在同一阶层中，越快乐的人挣钱越多，甚至可以比得上阶层的间隔。在这项研究中，每个阶层之间的收入差距是10000美元左右，而每个阶层内部快乐的大学生和不快乐的大学生，两者未来的平均收入差距也是10000美元左右，以至于"快乐的穷大学生"的收入和"不快乐的富大学生"的差不多。

这说明什么？说明与其对过往经历、对无法改变的出身耿耿于怀，不如致力于提升自己的积极心理，因为这可以实实在在改变自己的未来。

把钱花给别人比花给自己更幸福

不过，以上这些研究仍然没能回答一个问题：对于中产阶级，尤其是高收入者来说，为什么幸福感没有随着收入的增加而快速增长呢？

更多的研究发现，这一问题的答案藏在他们用钱的方式上。

2008年，《科学》(*Science*)杂志发表了来自哈佛大学商学院的一项研究。研究者找了一群哈佛大学生，给其中一半的人发5美元，给另一半人发20美元，并要求他们当天就把这笔钱花掉。但是具体怎么个花法，不太一样。无论是拿到5美元还是拿到20美元的，都有一半人被要求把钱花在自己身上，比如给自己买咖啡、买电影票，另一半人则被要求把钱花在别人身上，比如请别人吃饭、给别人买礼物，或者捐给慈善机构。

这样就形成了4组人：一组为自己花5美元，一组为别人花5美元，一组为自己花20美元，一组为别人花20美元。

你猜猜看，在这4组人中，最后哪一组更有幸福感？研究者后来也问了另一批哈佛大学的学生同一个问题，这些学生大多回答："当然是为自己花20美元的人最幸福！"

实验结果却跟他们猜的完全不同：把钱花在别人身上的人更幸福，而且这种幸福跟花钱的多少并没有关系。

你可能会反驳："那是因为无论5美元还是20美元，都只是一点点钱而已。如果钱多的话，花给别人，恐怕心疼感就会超过幸福感吧。"

为此，研究者随后又在加拿大、南非、印度、乌干达这4个贫富差异很大的国家重复了这项实验。在乌干达给的钱达到了当地人工作一天的收入，这笔钱可不能算少了。结果仍然一模一样，也就是4个国家的人都是把钱花给别人比花给自己更有幸福感。

哈佛大学商学院的研究者还做了一项大规模调查，他们问人们年终奖是怎么花的，结果发现，如果这些人把年终奖花在自己身上，他们的幸福感没什么变化；但如果他们花在别人身上，那么花得越多，越幸福。这就是"用钱买幸福"的第一个秘诀。

为什么会这样呢？

答案其实就藏在前文提到的"人天生就有助人之心"里。既然助人有助于基因传播，那我们必然会进化出帮助别人就感到开心的心理机制。

《科学》杂志在2007年发表过一项研究：科学家让被试躺在大脑扫描仪器里，然后分别观察他们自己得到钱和把钱捐给慈善机构时的反应。结果发现，这两个过程激活的脑区非常接近，有大量重合区域。

我们常说"助人为乐"，好像助人本身不是个快乐的事情，我们要以它为乐。但英文里有种说法叫helper's high，直译过来就是"助人之乐"。后一种说法其实更科学，助人本来就是快乐的，人类进化出来的天性自然会让人感到快乐。

花钱买体验而不是物品

心理学研究发现的"用钱买幸福"的第二个秘诀是,要买经历,而不是买物品。

旧金山州立大学的瑞恩·哈维尔(Ryan Howell)等人做过一项研究,比较了大学生用不同方式花钱之后的感受。结果发现,把钱花在经历上,比如去旅行、参观博物馆、跟朋友吃饭,比单纯地买东西更能让人觉得钱花得更值、更幸福,而且他们会更喜欢花钱的过程。

这是为什么呢?康奈尔大学的托马斯·基洛维奇(Thomas Gilovich)教授总结了3点原因。

第一,物品容易拿来攀比,而经历很难拿来攀比。比如,一个人买了部6000元的手机,就很容易看不起用3000元手机的人,但是当他遇到一个拿着10000元手机的人,又会自惭形秽。攀比是幸福的大敌,一个人整天患得患失,怎么可能幸福呢?而经历就很难拿来攀比,因为经历提供的是内在价值。比如,你去听摇滚乐,他去听爵士乐,我去逛博物馆,它们提供的多是内在价值,是我们内心的满足,这要怎么比较呢?

第二,经历经常有他人相伴。当出门旅游、听音乐会或看电影时,我们常常会有个伴儿。这就可以促进人际连接,而人际连接是幸福最重要的因素之一。

第三,也是最重要的,经历跟人的自我认同相关。你去看墓志铭,从来不会有人写"这个人生前拥有××豪华跑车、××名牌包",而很可能会写"他是一个好丈夫、好父亲,做过××样的事情"。

基洛维奇教授的另一项研究还发现,人更喜欢谈论自己花钱做了一件事情的经历,而不是花钱买了什么样的东西。而且,人们也更喜欢跟自己有共同经历的人,而不是共同拥有某样东西的人。

"花钱买经历,而不是物品"这个秘诀还有个奇妙的用法,就是把挣钱的时间省出来,花在经历上。有些重要经历其实根本不需要花钱,比如陪伴家人、看一本好书、享受冬日的阳光。所以,与其把时间都花在赚钱上,不如腾出时间来做自己享受的事情,这比辛苦赚钱再买东西更让人幸福。

当然,最后我还是要强调,这些秘诀都建立在你已经摆脱贫困的基础上。毕竟开篇的实验说明,对收入较低的群体来说,钱越多,痛苦和压力会越少,人就越幸福。假如一个人目前的物质生活状况仍然比较窘迫,那没什么可说的,赚钱为先,因为缺钱带来的不便会极大地伤害幸福感。我不同意有些心灵鸡汤的说法,比如"幸福无关贫富,只与内心有关"。

但是,如果你已经解决了温饱问题,衣食无忧,你就应该把更多的精力用在"花钱买幸福"的方法上。

很多人觉得：我只要有钱，就幸福了；我只要婚姻美满，就幸福了；我只要晋升高管，就幸福了。但最后，他们都会大失所望。幸福其实不是个形容词，而是个动词。它存在于行动之中，而不是某种东西之中。重要的不是你拥有什么，而是你用你拥有的东西做什么。这才是幸福的秘诀。

积极小行动

为自己策划一段经历

比如，约朋友聊天，带孩子去爬山，去美术馆看一场展览……你不一定需要花钱，也不一定得是你以前没做过的新鲜经历，只要是你自己喜欢又觉得有意义的事情，就可以。投入到这段经历中，不要考虑它会花费多少钱、多少时间，尽情享受这段经历。

幸福重点

1. 一个人的幸福程度确实和收入有关。对收入较低的群体来说，钱越多，痛苦和压力越少，人就越幸福。
2. 如果已经解决了温饱问题，衣食无忧，我们就可以用钱"买"幸福，比如把钱花在别人身上或把钱花在经历上。
3. 幸福其实不是个形容词，而是个动词。它存在于行动之中，而不是东西之中。重要的不是你拥有什么，而是你用你拥有的东西做什么。

02 积极情绪：为什么积极的人更容易获得成功

你已经知道，幸福与金钱存在双向关系：钱的多少会影响幸福，幸福也能反过来影响收入的多少。其实，除了金钱，还有一个能够影响幸福的重要维度，那就是积极情绪。

提到积极情绪的影响，很多人想到的就是它会让人感觉良好、心情愉快、充满能量，殊不知积极情绪能够真正地改变一个人。

积极情绪带来健康

首先，积极情绪能够带来健康。

我们中国人经常说"笑一笑,十年少",这句话有没有道理呢?其实真有。科学家用大量的研究证明,积极情绪的确能改善人的健康。我挑一个最有代表性的研究给你介绍一下。

肯塔基大学的研究团队调查了一家修道院里的修女,研究她们的积极情绪和寿命之间的关系。为什么要选择修女呢?因为她们的生活方式完全相同,每天都是同一时间起床、入睡,吃同样的食物,做同样的事情,拥有同样的医疗卫生条件,甚至连宗教信仰都一样,因此可以最大限度地排除其他因素的干扰。

科学家调取了她们当年立志要做修女时写下的文书,发现可以透过文书中流露出的积极情绪来预测她们的寿命。

比如,有一位修女的文书是这样写的:"我出生于1909年9月26日,是家里7个孩子中的老大……在修道院见习的一年中,我教授化学和二年级拉丁文。承蒙上帝恩宠,我愿倾心尽圣职,以宣扬教义,并完成自我修炼。"

另一位修女的文书是这样写的:"感谢上帝赐予我无价的美德。过去一年在圣母修道院的日子非常愉快,我很开心,期待正式成为修道院的一员,与慈爱天主一起开始新生活。"

很明显,后一位修女在文书中流露出来的积极情绪比前一位多得多。你猜猜,这两位修女分别活了多少岁?事实上,前一位活了59岁,后一位活了98岁。

当然,这是比较极端的两个例子。不过,对180名修女的研究结果是，显得不太快乐的修女的死亡率是比较快乐的修女的3倍多。可见，积极情绪真的能直接影响我们的健康。

为什么呢？这背后的生物机制有很多，其中最重要的一点是，消极情绪和积极情绪激活的神经系统不一样。

消极情绪激活的主要是交感神经，这会让人紧张，令人心跳加快、呼吸急促，肝脏还会释放血糖，使肌肉有足够的能量去战斗或逃跑。在危急情形下，这种刺激当然是必要的。但是如果一个人经常心情紧张，其交感神经一直处在激活状态，就会给身体造成过重的负担，他患心血管病、胃溃疡等内脏疾病的可能性都会因此增加。

而积极情绪激活的主要是副交感神经，这会让人感到放松，让肌肉和器官获得休息，整个身体重归平衡。

北卡罗来纳大学的芭芭拉·弗雷德里克森（Barbara Fredrickson）教授是全世界研究积极情绪的权威。她的团队做过一系列实验，包括故意给被试制造压力事件，比如要他们当众发表演讲，然后观察他们在压力事件后多久能恢复平静。

不过，弗雷德里克森把这些被试随机分了组。在恢复期，她给一些人看的是能引起积极情绪的视频，给另一些人看的是会引发消极情绪的视频，给其他人看的则是中性视频。结果发现，看积极视频的人，其心率和血压水平最快恢复正常。也就是说，积极情绪能更快地帮人从压力事件中恢复过来。

积极情绪拓宽人的思维

其次,积极情绪能够扩宽人的思维。

弗雷德里克森的团队还做过这样一个实验。他们把 3 个小正方形按照三角形的方式排列在一起,就是上面一个,下面两个,然后问被试:这个形状更像 3 个按三角形排开的小三角形,还是更像 4 个按正方形排开的小正方形(图 2–1)?

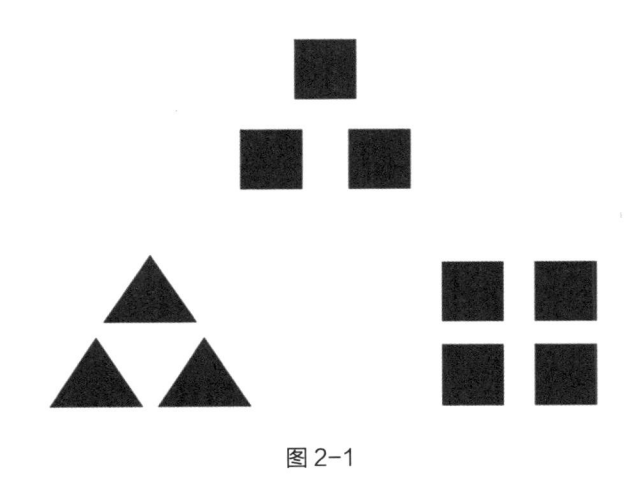

图 2-1

这个问题的答案没有对错之分,它考察的是一个人当时的思维是偏整体取向还是局部取向。整体取向的人看到的是大的三角形布局,因此会认为这个图形更像三角形。局部取向的人看到的是图像的细节,他们发现这个图形是由正方形组成的,因此会认为它更像正方形。

接下来，实验者会给被试看一段视频，有的视频里是玩耍的企鹅、宁静的大自然这种能引发积极情绪的，有的视频里是攻击他人、攀岩掉下山这种带来消极情绪的，还有的视频里是中性内容。然后，有趣的事情发生了：被激发积极情绪的人，其思维更偏向整体取向，注重从整体布局去看图形；而被激发消极情绪的人，其思维更偏重局部取向，更注意图形的细节。

类似地，还有研究表明，积极情绪能够激发更多的发散性思维，也就是提高创造力。为什么呢？因为当一个人的思维被拓宽以后，他就更容易跳出框架看问题，想出更多别人想不到的点子。

而且，积极情绪对思维的拓宽不仅体现在认知上，还体现在人际关系上——它会让人扩大自己的道德圈子，更愿意帮助别人。

美国马里兰大学的艾丽斯·伊森（Alice Isen）教授曾做过一项非常著名的实验，她让大学生去电话亭里打电话。其中一半的人是实验组，他们会在电话亭里发现一枚硬币，但他们不知道硬币是实验者故意摆放的，还以为是自己意外捡到的，因此比较开心。另一半人是对照组，没有给他们摆放硬币。

当这些大学生走出电话亭之后，会看见有个人走在路上，并手忙脚乱地掉了一地纸。当然，这个路人也是实验者假扮的。那么，哪一组大学生更有可能去帮助路人捡起地上的纸呢？

结果发现，在那些因为捡到硬币而比较开心的大学生里，有87%的人会去帮忙，对照组则只有4%，差异非常明显。

你看，积极情绪让人身体更健康，心理更强大，认知更宽泛，更愿意帮助人，这样的人当然更容易成功。怪不得"幸福博士"迪纳发现，当年更快乐的大学生，后来会赚更多的钱。这就是积极情绪的力量。

积极情绪为什么有用

为什么积极情绪有这么大的作用？

要解答这个问题，我们还得回到进化的视角。你已经知道了，情绪在进化中的功能是协调我们对外界的反应，其中积极情绪是对好事的反应，消极情绪是对坏事的反应。

所以，遇到好事意味着两件事：第一，我们是安全的；第二，有机会出现。

安全意味着我们的身体可以放松，不用像在遇到有坏事发生时那么紧张，也不用像平时那样充满警戒。这样一来，身体就得到了休息和恢复。

有机会出现则是积极情绪在提醒我们，形势一片大好，应该乘胜追击：也许是物质上的收获，也许是人际上的收获，也许是认知上的收获。总之，这时我们的思维会变宽，会关注更多的信息，寻找潜在的机会。

反之，消极情绪会提醒我们有坏事发生：也许是突然出现了一条蛇，也许是有人在偷你的东西，也许是你写的程序出了 bug（漏洞）。总之，这时我们需要的是聚敛式思维，把注意力聚焦在当前的问题上。这就是为什么积极情绪会让我们思维发散，消极情绪则让思维聚焦。

这是怎样实现的呢？其实，关键还是在于大脑预测编码理论。

请看下图（图 2-2）。

图 2-2

假如我写的是"请看下面这只兔子"，那你看到的大概率就是一只耳朵朝左、头朝右的兔子；但假如我写的是"请看下面这只鸭子"，那你看到的大概率就是一只长长的嘴朝向左侧的鸭子。

这是因为在我提醒你之后，你的大脑已经预测出了会看到什么样的形状，然后从环境里抽取相关信息来证实这个预测，不相关的信息就被你自动忽略了。

你可能听说过一种认知偏差,叫"确认偏差",它说的是人们在处理信息时,会无意识地选择那些支持自己本来就有的想法的信息,并忽略那些跟自己想法矛盾的信息。底层的科学原理其实就在这里。

那么,当积极情绪来临时,大脑会做出什么样的预测呢?就是你现在很快乐、很安全,有潜在机会出现。于是你的身体会很放松,感官也会在更大范围内扫描环境、寻找机会,此前的一些思维框架随时也能被打破,甚至你对他人的态度也会变得更友好,因为这时你会认为其他人都是潜在的朋友,而不是陌生人或敌人了。这就是积极情绪能让我们身体更健康、认知更宽泛的原因。

所以,不要把积极情绪看得可有可无,好像人生中只有理性思考和努力工作才重要。在生活中,你需要给自己适当激发一些积极情绪,比如吃点好吃的,看部好电影,和喜欢的人多待在一起,这反而可能对你获得成功更有帮助。

积极小行动

3 件好事

这个行动非常简单,就是每天晚上写下当天发生的 3 件好事。

不用非得是像结婚生子、升职加薪这样重大的好事,毕竟这种事情不可能每天都发生。你需要记录的是一些很常见但经常被你忽略的、小的好事,比如吃到一道好菜、看了一本好书、工作有了进展,或者赶着进电梯时有人帮你扶住了电梯门这样的"小确幸"。

所谓"3 件"也是虚指,如果你想到更多的好事,就多写点,如果想不起来,只写一两件也无妨。重要的是坚持。

塞利格曼发明的这种方法,可以让我们有意识地把注意力转移到好事上。实验显示,每天练习写 3 件好事的人,幸福感会持续上升,抑郁指数则会持续下降,甚至 6 个月后效果仍然很明显。强烈建议你每天都抽出 5 分钟来做这件小事。

幸福重点

1. 积极情绪能促进人的健康。它激活的主要是副交感神经,让肌肉和器官获得休息,整个身体重归平衡。
2. 积极情绪能够拓宽人的思维,这不仅体现在认知上,还体现在人际关系上。
3. 不要把积极情绪看得可有可无,在生活中给自己适当激发一些积极情绪,反而可能对你获得成功更有帮助。

03 消极情绪：如何让消极情绪为你服务

积极情绪不仅能让人感觉良好、心情愉快，还能让人身体更健康，心理更强大，更富有创造力和包容性。既然这样，是不是应该让积极情绪变得越多越好，让消极情绪越少越好呢？

其实不是。因为积极情绪太多也会造成问题，消极情绪同样不可或缺。接下来，我就来介绍消极情绪的作用，以及如何跟自己的消极情绪相处。

消极情绪的作用

积极情绪虽然会让人放松、享受当下、寻找机会，但是积极情绪过多，会让人容易放松警惕，忽略真实存在的风险，一厢情愿地追求那些不切实际的目标。心理学把这种表现称作"躁狂"。躁狂的人的表现很像那些喝酒喝"高"了的人，对现实世界失去判断力，自信心爆棚，觉得自己能做任何事情。

但是，现实世界并非只有好事，还有大量坏事存在。消极情绪能提醒我们这些坏事的存在，并且协调我们去应对它们。

举例来说，如果老板前一天让你通宵加班准备一份材料，可第二天开会时，他看都不看这份材料一眼，你自然会感到愤怒。而这种愤怒会促使你找老板谈一谈，告诉他你的不满，让他更尊重你的工作和时间，而不是你继续在这样的工作环境中忍气吞声。所以，消极情绪一样有用。前文讲过，消极情绪让我们的思维更偏局部取向，这会带给我们关注细节的能力，让我们把注意力聚焦在解决问题上。

加拿大女王大学凯特·哈克内斯（Kate Harkness）教授的团队做过一项有趣的实验：团队招募了一群大学生，先测量了他们的抑郁指数，然后给他们一批只露出人眼的照片，让他们判断照片上的人的情绪。结果发现，比较抑郁的学生判断得更准确，因为他们能捕捉到更多的细节。

平衡和情境

我一直强调,积极情绪和消极情绪不分对错、不分好坏,二者都有用。但在对待它们的时候,我们要把握住两个关键点:第一,保持平衡;第二,看情境。

保持平衡很好理解,就是消极情绪和积极情绪的比例要适度。

智利心理学家马塞尔·洛萨达(Marcel Losada)提出过一个"洛萨达比例",即积极情绪和消极情绪应该保持在一个适当的比例范围内。在此,我要澄清一下。

洛萨达对芭芭拉·弗雷德里克森教授关于积极情绪的开拓性研究产生了很大兴趣,于是和她取得联系,最终推导出一个关于情绪的非线性动力模型。他们的结论是:一个人的积极情绪与消极情绪之比应该在 3∶1~11∶1 之间。如果一个人的积极情绪不到消极情绪的 3 倍,那么,由于消极情绪的力量更大,他就会陷入萎靡不振的状态;但如果积极情绪太多,达到消极情绪的 11 倍以上,他会变得过于亢奋,像气球一样爆掉。

这个结论乍一看出人意料,细想一下又觉得它合乎情理,最酷的是,竟然还有精确的比例。因此,它一经提出就立刻"出圈",风靡一时,很多心理学界之外的人都会引用这个结论。但是,后来有学者质疑其中的数学推导,发现洛萨达的模型并不成立,弗雷德里克森教授也被迫撤回了那篇论文。

现在积极心理学界的共识是，积极情绪与消极情绪的比例确实应该保持在一定范围之内，既不能太高，也不能太低，但洛萨达提出的具体比例是不靠谱的。

那么，到底该如何掌握积极情绪和消极情绪的比例呢？我的答案是，看情境。

如果环境比较安全，就可以追求更多的积极情绪；如果环境比较危险，就需要更多的消极情绪。就像前文说过的，消极情绪像树的根，我们需要深深地扎根，才能更好地生存；积极情绪则像地面上的树干、树枝、花朵和果实，让我们向上发展，实现人生目标。

负面偏差

人生总是起起落落，那么在心情低落的时候，我们是不是应该让消极情绪多一些呢？

形势不好时，我们确实需要更加谨慎、小心一些。但也不要走入极端，一下子陷入难过、恐惧等消极情绪中。我建议你把眼光放长远些，不要只看两三年，甚至都不是看百年人生，而是从人类进化的百万年尺度考虑。你会发现，无论我们现在的生活存在多少问题，跟人类在漫长进化历程中所处的环境相比，已经安全、富足太多了。远古时期，可吃的东西少，野兽多，卫生还差，生了病就很难救治。从那时起，人类就形成了一种叫"负面偏差"的心理倾向——更关注负面信息，产生大量消极情绪。

大约在一万年前，人类发明了农业，逐渐构建出一个安全、富足的世界，但人类的基因几乎还跟一万年前一样，负面偏差的心理倾向仍然刻在我们的DNA里。最典型的例子就是"损失厌恶"——损失一万块钱带来的难过，要远远大于赚到一万块钱带来的开心。

负面偏差表现在情绪上，就是让大脑对消极情绪的反应更强烈。有研究者扫描了5种基本情绪下的大脑，分别是快乐、愤怒、厌恶、恐惧和难过。然后发现，后4种消极情绪激起的脑区比快乐大得多，激活程度也高得多。这是因为，积极情绪产生以后，大脑高兴一下就完了；但是消极情绪出现以后，那可不得了，大脑得马上行动起来，投入大量资源应对，且处理后还会留下深刻的记忆。也就是说，哪怕你今天是积极情绪比消极情绪多，但是明天你记得的往往只是今天的负面感受。

所以，哪怕你觉得这个世界很不确定，也只是跟你经历的前几年相比。如果跟人类进化的漫长历程相比，我们现在其实是相当安全且富足的。因此，我们需要格外注意消极情绪过多造成的危害。

首先是觉察

对于过多的消极情绪，我们究竟该怎么办呢？

我会在后面的章节针对焦虑、愤怒、难过等消极情绪，分别给你提供应对方法。现在，我先介绍一个最基本的方法，也是后面所有方法的先导步骤，那就是觉察。

为什么要先觉察呢？

情绪其实就像一个侦察兵，能为你带来外界变化的线索。任由情绪发泄，就相当于让侦察兵去指挥战役，这肯定是不对的。但是，压制情绪就相当于把侦察兵拒之门外，这会令你耳目闭塞，不了解外界的变化，最后任由坏事酿成惨剧。

更糟糕的是，情绪压也压不住。你想想，如果一个尽责的侦察兵侦察到外界的重要动向，你却不让他进门，那他会怎么做？他当然是站在外面不停地敲门并高喊："开门！报告！有紧急情况！"这会让你更加心烦意乱。

所以，压制情绪只会让情绪对你的影响变得更大。你只能打开房门，请它进来，觉察它。

具体怎样做呢？有一种方法叫"情绪正念冥想"，分4步，分别是认识（recognize）、接纳（acknowledge）、探索（investigate）、分离（non-attachment），你也可以用这4个英文单词的首字母组合"rain"（雨）来称呼它。接下来，我简单介绍一下这4步应该怎么做。

第一步是认识。你需要回想一下你最近经历过的一种消极情绪，无论是今天经历的，还是最近一周内经历的都可以，也许是愤怒，也许是难过，也许是焦虑。无论这些情绪是由什么样的事情引起的，你都可以沉浸其中，体会它带给你的感觉。

第二步是接纳。你在第一步觉察到的情绪很可能让你不舒服，这时候你需要接纳这种不愉快的情绪，不去评判它，并告诉自己：我对情绪的主观感受、身体反应，乃至排斥的心情，都是正常的。

然后进入第三步，探索。你可以中立地、好奇地观察这种情绪：它是哪种情绪？持续多久了？强度有多大？这时，你可能会有跟这种情绪相关的想法产生。你不用思考解决方案，只去探索这种情绪本身就行。

最后一步是分离。你可以沿用前面的比喻，把这种情绪看成一个侦察兵，跟它打个招呼，并感谢它告诉你外界发生了什么，以及帮助你应对外界变化，比如"愤怒，你好！""谢谢你，害怕！"

这一步使用了一种心理技巧，叫"外部化"，就是把情绪和自我分开。如果"我的情绪不是我"，那我们就能更加客观地对待自己的情绪。因为自我本身就是情绪的强大引擎，任何涉及自我的得失或评价，都会引发我们更多的情绪。

在这一步，你为自己的情绪取了一个名字，跟它打招呼，从而就把它给外部化了：不是"我是个焦虑的人"，而是"焦虑情绪现在正好来拜访我";不是"我是个抑郁的人",而是"抑郁情绪现在正好来拜访我"。

外部化这种方法看上去很简单,好像就是欺骗自己的大脑,但真实有效。

有一次我参观一所美国小学,发现一面墙上贴着小学生们写下的愿望。有一个三年级孩子写的是:"今年我要和我的杏仁核做好朋友。"我看了之后大为吃惊,一问老师才知道,原来他们从小就会教孩子:你的情绪不是你,情绪是杏仁核引起的,它不受你控制,所以你不要跟它较劲,想办法跟它做朋友就好了。

当然,这种情绪正念冥想练习做起来并不容易,尤其是刚开始的时候,你的思绪经常会飘开。没关系,所有人刚开始尝试时都会这样,关键在于坚持。

如果你每天晚上抽出一点时间回想一下当天的情绪,或者至少每次遇到情绪困扰时,都用这种方法来处理,那你就会发现,所有情绪都是你的朋友。

积极小行动

情绪正念冥想

请你在睡前尝试一下情绪正念冥想,并把心得体会写下来。

> **幸福重点**
>
> 1. 消极情绪同样有作用：它能提醒我们坏事的存在，并且协调我们去应对它们。
> 2. 积极情绪和消极情绪没有对错、好坏之分，二者都有用，但在对待它们的时候要把握住两点：第一，保持平衡；第二，看情境。
> 3. 觉察情绪，可以使用"情绪正念冥想"，分为 4 步：认识、接纳、探索和分离。

04 情绪与情感:人生最优决策方法是什么

前文说到,消极情绪也有重要的作用,我们不应该压制它,而是应该察觉它的存在,再根据情境发挥它合适的作用,并与积极情绪保持平衡。

但是,有人会有这样的疑问:"我知道要接纳情绪,但就算接纳了,情绪上头的那一刻,我还是容易做错误的事情。怎么才能不感情用事,做到理性决策呢?"

我的建议是,你不需要做到理性决策,任何人都不可能做到理性决策,因为世界上就没有理性决策这回事,只有理性思考、感性决策。为什么我会这样讲呢?

世界上最理性的人

美国脑神经科学家安东尼奥·达马西奥（Antonio Damasio）接触过一个病人，这个病人的大脑中负责情绪的脑区受到了损伤，但其他脑区都是完好的。因此，他的智力、理性都是正常的，仍然能做逻辑推理、数学运算，仍然知道社会的道德规范，但他缺少感性。可以说，这个人是世界上最理性的人了，他的决策都是纯理性的。那他有没有自此走上人生巅峰呢？

没有，而且正相反，他的人生被毁掉了。本来他是一个模范员工，现在却失业了。因为他感受不到情绪了，也做不了任何决定。对于稍微复杂一点的事情，他虽然知道所有可能的选项，但就是不知道该选哪一个。比如，仅仅给文档归类，他花了一下午的时间，仍然无法决定这些文件到底应该按日期分类还是按大小分类。再如，用什么颜色的笔、在哪里停车、穿什么样的衣服等，这些在我们看来最简单的决定，对他来说都成了不可逾越的难关。

为什么会这样？因为人在做决定的时候，不仅要依靠理智来分析，还要依靠情感来感受。

用大脑的预测编码理论来解释就是，当你打开衣柜决定自己要穿什么的时候，每看到一件衣服，你的大脑就会飞快地预测出你穿着这件衣服的样子，以及别人的反应、你自己的感受。你的大脑对这些预测出来的感受进行权衡后，会做出判断：穿这一件衣服，综合感觉最好！这才是人类真正的决策过程。

你发现了吗？理性的作用并不是决策，而是提供对各种选项的推演，最终的决定权其实在感性手里。

情绪觉察，理性思考，感性决策

沿用前文的比喻，情绪就像侦察兵，帮助我们注意到外界的变化和内心的反应。我们不能让情绪主导决策，否则就相当于让一个侦察兵来指挥战役；但也不能压抑情绪，否则跟作家王小波说的"花刺子模信使"问题一样，枪毙带来坏消息的侦察兵。

正确的做法是，在向侦察兵问清楚所有情况之后，就把他请出去，然后交由参谋长进行理性分析。但是参谋长能拍板吗？还不能，拍板的是总司令——感性。

所以，理性只是参谋长，提供各种备选方案，分析各个方案的成功概率、成本、收益情况。每个方案都能消灭一部分敌人、占领一部分阵地，但也会牺牲一部分兵力、消耗一部分弹药。问题就在于，同一个指标、同样的影响对不同的人来说，情感赋值可能是完全不同的，"汝之蜜糖，彼之砒霜"，这个过程完全是感性的。在综合分析了所有指标之后，我们会在感性的驱动下给予感性的判断，做出千人千面的选择。

2022年，谷爱凌在冬奥会自由式滑雪女子大跳台比赛中，前两跳的成绩不够理想，她妈妈谷燕建议她接下来跳转体 1440 度的动作，可以确保获得银牌。但是谷爱凌选择了转体 1620 度的动作，冲击金牌。

这并不是因为两人对两个动作成功率的估计不一样。赛后谷爱凌表示，转体 1620 度的成功率很小。那她为什么要冒险做这个选择呢？是因为她不理性吗？不是，是因为她和母亲对于金牌、银牌、铜牌以及"没牌"的情感赋值不一样。

可能在谷燕看来，获得金牌当然好，但是"没牌"更可怕；而谷爱凌觉得，金牌才值得追求，银牌、铜牌、"没牌"的差异不大。因此，两个人选择不同。但我们并不能因此就认为谁比谁更理性，她们只是情感目标不同而已。

前面提到的那个"世界上最理性的人"，就是由于缺少感性，整个人生都被毁掉了。他就像一支只有参谋长但没有总司令的军队，参谋长很优秀，提供了对各种方案的准确分析，但没有总司令来衡量这些方案哪个更好，整支军队只会陷入瘫痪。

既然根本不存在理性决策，只是理性思考、感性决策，那么感情用事就并非坏事，反而没有感情才会任何事情都做不了。

学会区分情绪和情感

但是，在现实生活中，感情用事确实会坏事儿，怎么办呢？

我的回答是，要区分情绪和情感。

情绪是我们当下的感受，比如喜怒哀乐，它们来得快，去得也快；而情感是深藏在心底的长期稳定的感受，比如爱恨情仇。一般来说，你不太可能早上还爱一个人，晚上就恨透他了。

项目没有完成，觉得沮丧；在街上被人踩了一脚，很生气；接到妈妈的电话，觉得开心。这些都是情绪。想起已经逝去的亲人，心中哀伤；想起自己还在北漂，看不到未来，感到恐惧；想起妈妈，有爱的感觉。这些则是情感。

区分情绪和情感，有 3 个关键点。

第一，情绪浮于表面，短暂且易变；而情感深藏在心里，相对是长期且稳定的。

第二，情绪常常是被情境激发的。就像有时候，你自己都不清楚怎么回事，突然就"emo"了。也就是说，情绪往往没有清晰的指向对象；而情感通常有明确指向的对象，比如某个人、某个事物，你对其有固定的感受。

第三，情绪经常莫名其妙地冒出来，难以预测；但情感往往有认知诠释，你一般能为自己的情感找出原因，比如，你为什么爱某个人，为什么讨厌某件事情。也就是说，情感比情绪有更多的认知成分。

用一句话概括就是：情感是长期稳定且有意义的感受，而情绪是短暂且不确定的本能反应。

为什么我要郑重其事地帮你区分情绪和情感呢？因为它们对决策的影响不同。情绪代表的是短期利益，它提醒你："当前发生了某个情况，你需要这样的快速反应。"情感则代表长期利益，它会强调："我最终想要的是那个，对目前的情形，我那样做最符合长期目标。"

举个例子，假如今天是你的生日，你本来计划和爱人庆祝，结果下午他忽然打电话来，说公司有急事，必须加班。这时，你本能的情绪是感到愤怒："生日都不陪我过，分手！"但你再想一下他这个人，发现自己仍然充满了喜欢的感觉，你就会改变先前的态度，转为体贴地支持他，还可能会叮嘱他加班别太累。这是因为，跟他继续发展关系更符合你的长期目标。

归根结底，是情感定义了我们每一个人。情绪是简单的对外界的反应，很多动物都有情绪；但情感是我们每个人在自己独特的成长过程中积累的感情联系，并且我们对它们做了诸如价值观、世界观和人生观的解释。你跟别人不同的地方正是你爱谁、恨谁、喜欢什么、讨厌什么，而你做事的根本动力其实也是要满足自己的情感。

所以我一再强调，要把情绪和情感区分开。虽然它们都会影响我们的决策和行动，但是如果让情绪来决策，由于它代表的是短期利益，是不确定的本能反应，那可能今天你做了决定，明天你就后悔了，今天你还兴致勃勃，明天你就觉得索然无味了。如果总司令朝令夕改、做事虎头蛇尾，那么他带的军队迟早完蛋。

反过来，情感在决策时代表的是你的长期利益，在动机上代表的是你的长期目标，让情感来决定和驱动你的人生，你的每一个决策才是稳固的，你才不容易后悔。

对于情绪、理性和情感的关系，总结起来就是两句话：第一，情绪觉察，理性思考，感性决策；第二，情绪和情感对决策的影响不同。由情绪驱动的决策经常会前后矛盾、时常改变，而由情感驱动的决策才足够稳固，足够代表长远利益。

把情绪和情感分得这么清，看上去好像是在褒扬情感、贬低情绪，但其实将二者区分清楚之后，反而是肯定了情绪的价值。情绪的坏名声很大程度上源于我们让它这个侦察兵当了总司令。如果弄清楚情绪的定位，让它快速提醒我们外界发生了什么，但是不让它来影响思考和决策，我们就会感谢它的辛苦付出，而不是事后悔恨情绪对自己的干扰了。

所以，我们要做的绝不是压制情绪、发展情感，而是同时充分地发展自己的情绪和情感。情绪让我们对外界和内心保持敏锐的觉察，充沛的情感让我们在需要决策时清晰地知道自己的根本方向。这样一来，当我们需要行动时，自然会拥有无穷的动力。

> **积极小行动**

情感正念冥想

冥想一种最重要的情感：爱。具体做法没有情绪正念冥想那么麻烦，因为对于爱，我们不需要费力地接纳、探索、分离，只要好好地感受就好。

请选一个合适的时间，闭上眼睛，想一个你爱的人。这个人应该是仍然在世的，仔细感受你想起他时的情感反应，比如感到温暖、想靠近他、想拥抱他、想跟他说话、想为他做事。同时，感受你身体的反应，比如胸部有张开的感觉，喉头发紧，甚至可能你脸上已经不自觉地浮现出微笑……你可以仔细地体会这种情感，长久地沉浸在这种感觉中。

推荐你常常做这个练习，它有助于你培育出更强大的爱的情感。

> **幸福重点**
>
> 1. 理性的作用不是决策,而是提供对各种选项的推演。真正的决策机制是:情绪觉察,理性思考,感性决策。
> 2. 情绪和情感对决策的影响不同。情绪代表短期利益,而情感代表长期利益。
> 3. 我们要做的绝不是压制情绪、发展情感,而是同时充分地发展自己的情绪和情感。

05 伊卡洛斯陷阱：如何拥有高质量的积极心理

前面讨论的主要是幸福、情绪等主观感受，接下来我们一起进入动机、心流等能让人收获积极心理的客观状态的世界中。这也正是我在全书开篇讲到的，积极心理学不只是要你在主观上感觉开心，还要让你在客观上获得全面的蓬勃和发展。

你可能会好奇：我心里觉得高兴，这样的主观幸福不好吗？为什么我们不能仅仅追求主观幸福，还必须追求更加艰难的全面发展呢？对于这两个问题，我们可以从进化心理学的角度来深入思考一下。

基因与环境的不匹配

理解前两个问题的关键在于，我们的基因和环境之间不那么匹配了。

为了应对恶劣的生存环境，在漫长的时间里，人类进化出了一套自我保护机制。但是在大约一万年前，农业文明兴起，人类的生活环境发生了剧烈变化。尤其是到了现代社会，跟远古时期相比，可谓大相径庭。但是，人体的各种机制基本还停留在一万年前的状态，使得在过去能帮到人类的一些机制现在反而成了陷阱。

比如，人类在食物匮乏的远古时代进化出了尽可能多摄取热量、少活动身体的偏好。可是在今天，食物供给过剩，体力劳动不再是必需的，这种偏好反而成了障碍，让我们摄取太多热量，加上我们又活动得太少，因此造成肥胖、高血糖、心血管病等一系列问题。

人类的心理其实也掉进了同一个陷阱。前面讲过，消极心理帮助人生存，积极心理帮助人发展，它们对我们祖先的生存和繁衍都居功至伟。但是到了现代社会，我们掌握了很多绕过消极心理的方法，使得积极心理供给过剩，这反而妨碍了我们的心理健康。

现代社会安全供应过剩

这是什么意思呢？我举一个最典型的例子：现代社会的安全供应过剩。

远古时期，猛兽时常出没，疾病流行，暴力冲突也是家常便饭，因此我们的祖先进化出了对安全的渴望。正是在这种渴望的驱动之下，人类建立了一个比以前安全得多的社会。可是，当周围环境大为安全之后，人类天性追求安全的倾向并没有改变，仍然本能地担心各种可能威胁自己和家人安全的因素。当大的危险消除后，我们就担心小的危险。

我翻译过一本书，叫《园丁与木匠》（*The Gardener and the Carpenter*），作者是伯克利大学心理学系和哲学系双聘教授艾莉森·高普尼克（Alison Gopnik）。她认为，现在的孩子被照顾得太安全，这会让他们在未来面对实际的危险时变得过于脆弱。就像现代人把孩子照顾得过于"卫生"，孩子不能玩泥巴，不许喝凉水，结果，孩子没有机会接触足够的细菌，反而更容易过敏，因为他们的免疫系统没能得到足够多的锻炼。

高普尼克的观点有没有道理呢？已经有不少学者对此做了实证研究，发现确实如此。有一种被称为"直升机式"的父母，他们就像直升机一样，恨不得24小时盘旋在孩子头顶，对孩子过度保护、过度干预。这样被养育出来的孩子明显幸福感更低，出现焦虑和抑郁的概率更高，连吃的止痛药都比别人多。

不仅如此，还有研究发现，"直升机式"父母培养出来的孩子，其自信心其实更差，因为他们缺少直面困难、咬牙努力并最后突破障碍的经验。

伊卡洛斯陷阱

因此，我们必须认清一件事：进化让我们追求安全是为了防范和应对危险，而不是要消灭一切危险。事实上，我们的基因恐怕做梦都没有想到，人类有一天能生活在如此安全的环境里。

就像基因完全没有为食物供应过剩做好准备一样，基因也完全没有为安全供应过剩做好准备。结果就是，我们会像狂吃食物一样过度追求安全，把本来可以留在生活中的一些危险、挑战也躲过去了。

但由于我们的心理是在充满危险的远古时期进化出来的，一切心理机制都是按照我们必须去应对危险、战胜困难而打造的，因此，一旦岁月静好、环境绝对安全，就像身体会出问题一样，心理也容易产生问题。

我把这个困境称为"伊卡洛斯陷阱"。

伊卡洛斯是希腊神话里的能工巧匠代达罗斯的儿子。父子二人被困在一座迷宫之中，后来，代达罗斯用蜡和羽毛做出了人工翅膀，绑在自己和伊卡洛斯身上，借此飞出迷宫。他告诫儿子："我最亲爱的孩子，听我说该如何振翅飞翔：不要飞得太靠近太阳，也不要太靠近大海，要在中间飞翔。如果你飞得太低，水汽会沾湿你的羽毛；如果飞得太高，太阳会融化你的翅膀。"但是，伊卡洛斯飞起来之后，越飞越兴奋，越飞越高，最终因为太靠近太阳，导致翅膀里的蜡被阳光融化，他自己从天上掉进海里淹死了。

进化把对高热量、少运动、安全、舒适的渴望植入到我们的本能之中，就像伊卡洛斯要逃离迷宫就必须飞起来一样，我们下意识的做法就是去追求这样的状态。但问题在于，这是远古时期的最优生存之法，到了现代社会，如果我们继续任由这种本能驱使，就会像伊卡洛斯一样，只顾飞得高，而忘了根本目标是要逃离迷宫。

我们的心理状况也一样。对安全感、成就感、人际关爱等积极心理的追求，是人类社会进步的崇高动力。但是在现代社会，积极心理供应过剩，人们不需要艰苦奋斗，在游戏里就能收获成就感；不需要探索世界，刷刷视频就能开心得乐不可支；不需要真的建设关系，就能在社交网站上呼朋唤友。

可是，积极心理的功能不是为了让人爽的，而是为了让人拓展认知视野，建构心理资源，以应对随时可能遇到的困境。

一个人大吃特吃之后，既不需要熬过寒冬、忍饥挨饿，也不需要狂奔十里去打猎，他的身体肯定会出问题。同样，一个人获取了大量廉价的积极心理后，既没有艰苦等着他去挑战，也没有探索世界或人际关系的机会需要他抓住，他的心理自然也会出问题。

现代社会信息供应过剩

伊卡洛斯陷阱还会表现在认知方面，比如对信息的摄取。

信息，对人类而言可是极其重要的资源。在远古时期，一个人比别人多知道一些信息，就多一分生存的希望。无论是环境信息，比如哪里有老虎、哪里有猎物，还是人际信息，比如张三比较好、李四比较坏，又或是技术信息，比如哪些迹象表明即将有灾荒发生，遇到大型动物该如何组织围猎……那时候，掌握信息最多的人往往就是部落里最重要的人。

因此，我们的大脑天生就渴求信息。孩子喜欢听故事，成年人喜欢八卦东家长、西家短，遇到难题后会向有智慧的长者请教，这些都是追求信息的表现。

但是，现代社会的信息供应是过剩的。这就造成了以下3个问题。

第一，劣币驱逐良币。耸人听闻、宣泄情绪的信息比需要深度思考的信息更受欢迎，因此劣质信息越来越多，优质信息越来越少。这就导致人们在无意中"摄入"了大量劣质信息。

第二，信息过量摄取。就像我们很容易扑向大鱼大肉一样，我们也会贪婪而不自知地扑向信息。英文里有个单词是形容这种现象的，叫 infobesity，就是把 info（信息）和 obesity（肥胖）两个单词组合到一起，意思是"信息肥胖"。

人类摄取信息是为了构建大脑预测模型，从而更好地指导生活。但如果摄取了信息却不用于生活，比如"刷"了一堆爱情剧后感到很甜蜜，就不去谈真实的恋爱了，那这和吃了一堆东西，却既不去打猎也不去采集果实，有什么区别呢？

第三，严重影响生活。我以前有一个学生，她很喜欢读小说，后来找了一个同样爱读小说的男朋友。我原本觉得他俩挺般配的，但没想到他俩很快就分手了。后来我一问才知道，原来这个女生喜欢读的是"霸道总裁爱上我"一类的小说，对男朋友的预期是"百依百顺的高富帅"，她的男朋友喜欢读的是则"打怪升级赢得美人归"的网络爽文，对女朋友的预期是"一往情深的白富美"。小说读多了，就以为真实世界也是小说中的样子。他们被大量的虚拟数据扭曲了大脑预测模型，最终影响了自己的生活。

追求高质量的积极心理

当然，我还是要强调一下，信息和安全、快乐一样，都是人类的正当追求。现代社会虽然有种种陷阱，但各方面的条件无疑要比远古社会好得多，因为它为我们提供了选择的可能性。

面对多样的可能性，做出我们自己的选择，正是应对伊卡洛斯陷阱的解决方案。这种方案在生理层面和心理层面都是相通的。

在生理层面，我们要选择健康的生活方式，少吃甜食、细粮、高油脂食物，多吃高纤维食物，多运动。在心理层面，我们不能停留在只追求各种感官刺激的阶段，而是要积极地追求高质量的客观幸福，比如心流、美德、人际关爱。而这些客观幸福往往是比较难获得的，需要我们付诸一定的行动。

套用苏格拉底的一句名言，"未经审视的人生不值得度过"，类似地，我认为"未经奋斗的快乐不值得拥有"。从进化的视角看，快乐是积极行动的副产品，是进化为了让我们积极行动而为我们配置的心理机制。如果人为了快乐而快乐，就会陷入伊卡洛斯陷阱——为了飞高而飞高，最后反而会掉下来摔死。

换句话说，我们要追求的是实现进化赋予积极心理的本意，也就是克服人生困难，通过行动提升自己、改变世界，从而获得高质量的客观幸福。

> **积极小行动**

随手助人

前面讲过，人天生喜欢助人。帮助别人，我们自己也会感到快乐。你不用刻意地计划，只需要让自己有助人的意识，你自然就会发现身边有很多能够帮助别人的机会，比如捡起别人掉在地上的东西、给同事带一杯咖啡……

注意，这个助人活动一定得是你亲自参与的，不能是捐款这样间接的助人活动。因为只有亲自行动，你才能看到被帮助的人的状况的改变；你能跟被帮助的人互动，听到对方的感谢，你的身体也一直参与这个活动，这会给你带来更好的积极心理提升。

> **幸福重点**
>
> 1. 对安全感、成就感、人际关爱这些积极心理的追求，是人类社会进步的崇高动力。但是在现代社会，积极心理供应过剩，反而带来了问题。
> 2. 现代社会的信息供应也是过剩的，这造成了 3 个问题：劣币驱逐良币，信息过量摄取，严重影响生活。
> 3. 面对多样的可能性，做出我们自己的选择，正是应对伊卡洛斯陷阱的解决方案。

06 自我决定：如何才能找到自我

上一篇说到，我们需要追求经过奋斗的高质量的积极心理，不要走廉价的快乐捷径。但是，有些人可能会觉得，自己明明一直在奋斗，并没有体会到高质量的积极心理，而只觉得累和"卷"。这是为什么呢？

简单地说，这是因为他们拼命做的事情并不是出自真正的自我。内卷和奋斗的区别并不在于行动的努力程度，而是动机的自主程度。只有出自自主动机去做一件事，才能收获高质量的积极心理。

自我的本质

要做到自主做事，我们得先解决一个最根本的问题：怎样知道自己做的事是不是出自真正的自我？

自我，是现代社会最流行的名词之一。我们大概都听过"发现自我""追寻自我"这样的口号，好像一个人出现的任何问题都是因为迷失了自我。我们需要历尽千辛万苦，跨过大海，穿过沙漠，爬上雪山，杀死巨龙，闯进洞穴，掘地三尺，最后挖出一个石碑，上面写着金光闪闪的两个大字——自我。然后，我们一把抱住石碑："啊，我终于找到了自我！"从此，生活就一帆风顺，心想事成了！

这套叙事很符合我们的直觉，自我好像藏在每个人的心里，是一种固定不变的本质。但其实，我们的大脑里根本就没有任何固定不变的本质，只有一套套预测世界的模型。

自我的本质，也是一套心理模型。

大脑为什么要给自我建立模型？简单来说，因为这么做有两个好处。

第一个好处是，给自我建立模型是为了方便给他人建模型。人类是高度社会化的动物，必须经常预测他人的行为。比如，我今天给了张三一条羊腿，明天他会不会分我一块牛排？最近李四好像在生我的气，我要不要防范他暗算我？可我们毕竟没有办法全天候地跟着一个人，观察他的言行来采集信息。因此，最好的途径是先给自己建个模型，再推己及人。

第二个好处是，给自我建立模型有助于我们协调内部资源。如果你今天爱一个人，模型会预测你明天也爱他。如果你左手举起了弓，模型会预测你的右手将要搭上箭，而不是去采树上的果子。这种机制可以防止你的目标朝令夕改、资源左右互搏，以便你最大限度地发挥自身的能力。

所以，那个你感觉稳定、独特的自我，本质上只是一套关于自己各种心理和行为模型的元模型。并没有一个固定不变、先天注定的自我需要你去发现，等着你去追寻。

如果自我不是寻找到的，那它是怎么形成的呢？答案是，跟大脑里其他所有模型一样，虽然有一些初始参数，但它主要是通过后天训练出来的。虽然由于先天的基因，有的人擅长这种思维，有的人倾向于那种情绪风格，但跟别人的互动风格、如何看待成功与失败、和别人之间如何爱和被爱……最终自我的形成，仍然要靠后天的反馈。

所以，既然自我是可变的，哪怕你现在已经是一个成年人，仍然可以通过给这套模型以不同的反馈，把它训练成你想要的风格。

动机类型

怎么训练它呢？那就是我们要给这套模型制造符合它预测的反馈，而不是跟预测相冲突的反馈。换句话说，你做事情需要出自真正的自我，因为这套模型原本的作用就是协调你对内和对外的行动，让二者保持稳定一致。如果你的目标和你的大脑预测的不一致，模型内部就会产生混乱，你就会越努力越觉得累。

这样的描述可能仍然太抽象了，我再借助美国心理学家爱德华·迪西（Edward Deci）和理查德·瑞安（Richard Ryan）提出的自我决定理论来帮助你理解。

这个理论按照自我决定的程度，把人的动机分为3大类。

第一类是无主动机，也就是没有主意，浑浑噩噩，随波逐流。比如，为什么要学习？因为大家都在学习。为什么要结婚？因为大家到了一定年龄都结婚了。这类动机根本没有个人的主观意愿。

第二类是他主动机，也就是他人做主的动机。最常见的就是一个人因为外部刺激（奖赏或惩罚）而做事，比如成年人为了金钱和地位去工作，孩子因为害怕被父母惩罚而学习。他主动机也叫外部动机。

还有一种他主动机更隐蔽，叫内摄动机。"内摄"是一个心理学名词，意思是把别人的想法、观念、感觉当成自己的。内摄动机的意思是，一个人抱持着满足别人的心理去做事。比如，你问一个孩子他为什么要好好学习，他可能会说："如果不好好学习，爸妈就会失望。"

很多时候，我们看上去在非常努力地工作、学习，有很强的主观意愿，但是驱使我们的并非真正的自我，而是我们为了迎合别人的期望。用现在流行的话说，就是一种"自我PUA"。

第三类是自主动机，这也正是我们应该追求的。它分两类：整合动机和内在动机。

整合动机指的是，你做一件事情是因为它符合你的价值观和自我认同。比如，你读书不是因为"书中自有黄金屋"，而是因为读书才能懂得圣贤的道理，帮助自己成为一个更好的人。

但细究起来，整合动机还不是最纯粹的自主动机。最纯粹的自主动机是内在动机，就是你做一件事的原因就是这件事本身。无论打球、看电影，还是享受美食、听音乐，你的动机就是自己享受这些事情的内在价值。

学习当然也可以有内在动机，最高境界就是孔子说的"学而时习之，不亦乐乎"。我们知道，孔子就是享受学习，他读《易经》读到"韦编三绝"的程度，甚至到老都是"发愤忘食，乐而忘忧，不知老之将至"。

自我决定理论也可以用孔子的一句话来概括：知之者不如好之者，好之者不如乐之者。仅仅对一件事情有动机是不够的，因为这种动机可能是他主动机；你认为这件事情是对的、好的，这样的整合动机才更高级；而最高级的，还是你喜欢、享受这件事情本身的内在动机。

成长需求 vs 匮乏需求

当然，有人可能会反驳："不一定啊！我怎么感觉他主动机更好呢？我在为了钱、为了不让别人看不起我而努力的时候，才最有动力呢！"

没错，他主动机确实在短期内更有效。为什么呢？

他主动机对应的更多的是匮乏需求。前文曾提到，匮乏需求是靠消极心理驱使的，像金钱、"面子"这些他主动机都属于匮乏需求，越匮乏就越想要，当然能在短期内给人强大的动力。但这会让人经常处于"得不到就很痛苦、得到了也没多开心"的状态，就像为了升职加薪拼命工作，但是薪水到账的第二天，快乐和动力都消失了。

而自主动机对应的多是成长需求。成长需求是被积极心理吸引的，它是"得不到没有关系，满足之后还想要更多"的需求。所以，你达成一个阶段性目标之后，往往会更有动力追求下一个目标。从长期看，自主动机更有效。

《小王子》（*Le Petit Prince*）的作者圣-埃克苏佩里（Saint-Exupéry）说过："如果你想让人造一艘船，先不要雇人去搜集木头，也不要给他分配任何任务，而是要激起他对大海的向往。"这体现的就是自主动机的力量。

曾任北京大学心理健康教育与咨询中心副主任的徐凯文老师对北京大学的学生做过调查，并提出了一个叫"空心病"的概念。有一个学生是这么说的："学习好、工作好是基本的要求，如果学习不好、工作不好，我就活不下去。但也不是说学习好、工作好，我就开心了。"这种状态当然很痛苦，他还说："我不知道为什么要活着，我总是不满足，总是想各方面都做得更好，但是这样的人生似乎没有尽头。"

这就是典型的长期被他主动机驱使的表现。明明他的自我模型预测他想做这个，他却逼着自己做那个，模型肯定会变得混乱不堪，无法保持稳定状态。这样的人越努力，只会越觉得人生没有意义。

说到底，空心病"空"的是什么呢？"空"的就是自我啊！如果一个人一直在用别人的目标逼自己做决定，他心里怎么可能长出自我来呢？长出来的肯定是个假自我。时间长了，这样的人就很容易退缩到无主动机，因为模型太混乱了。不如把动机扔了，彻底躺平，让大脑休息，这也比自相矛盾好。

现在很多人在内卷和躺平之间摇摆，初看上去他们好像很奇怪，一会儿亢奋，一会儿抑郁，其实都是因为他们的动机不是由真正的自我决定而导致的。

自我决定的另一层意思是,自我不是老天给的,是要靠自己多做自主的决定而塑造出来的。你越自主,自我就越强大;自我越强大,你就越有可能做出自主的决定。

也许读完这一篇内容,你会有些怅然若失,因为你本来还挺喜欢自己构建出来的自我的。你不妨把这看作一次解放:你再也不用纠结关于自我的各种问题,尤其不用纠结过去对自我造成的阴影,只需要关注从现在开始自己的每一次行动。

在积极心理学看来,"自主"不是形容词,"自我"不是名词,它们都是动词,都体现在人每时每刻的、无数的行动中。

当然,很多人会觉得,我也想做自主的事,但就是身不由己。其实很多时候,决定我们能否实现自我的并不是一件事本身,而是我们如何看待它。你还记得前面讲过的对修女寿命的研究吗?哪怕做完全相同的事情,不同的态度也会导向不同的人生。积极心理学确实研究出了一套方法,帮助你把行动变得更自主。下一篇,我就来介绍这套方法。

积极小行动

激发一次内在动机

做一件你自己喜欢、感到享受的事情,无论它是否能给你带来其他好处。吃饭时,就仔细品尝美食的味道;散步时，就尽情感受周围的风景。给你的自我来一次正反馈吧！

> **幸福重点**
>
> 1. 我们的大脑里其实根本就没有任何固定不变的本质，而只有一套套预测世界的模型。我们要给这些模型制造符合它们预测的反馈，而不是跟预测相冲突的反馈。
> 2. 动机分为3种：无主动机、他主动机和自主动机。自我决定理论可以用孔子的一句话来概括：知之者不如好之者，好之者不如乐之者。
> 3. 他主动机对应的更多的是匮乏需求，而自主动机对应的更多的是成长需求。你越自主，自我就越强大；自我越强大，你就越有可能做出自主的决定。

07 动机：如何把动机变得更自主

上一篇讲到，自我不是找到的，而是靠我们经常从自主动机出发做事而形成的。只有做的事出于自主动机，我们才能收获高质量的积极心理和蓬勃的人生。

但有人可能会问："我上班就是为了挣工资，你非要说服我我是自愿的，难道你是老板派来 PUA 我的吗？"

你可能也会有同样的疑问。其实，这种对自主动机下意识的质疑，恰恰反映了我们身边的一种普遍情况：他主动机泛滥。

这一点不难理解，毕竟短期内他主动机确实比自主动机更有效。不过，这种有效往往只集中在重复性工作上，对于创造性工作，自主动机更有效。

自主动机更适合创造性工作

这是为什么呢？原因仍然在于，自主动机对应的是积极心理，他主动机对应的是消极心理。积极情绪能拓展人的认知资源，激发发散性思维，提高创造力，而消极情绪则是让人聚焦在眼前的问题上，更适合处理重复性劳动。

更为重要的是，创造力并不是靠简单地堆积工作时间就能涌现的，而是靠大脑后台把原有的一些元素进行重新组合，产生新奇的点子。这往往是在人放松、胡思乱想或无所事事的时候，在潜意识里发生的。

就像著名数学家张益唐证明孪生素数猜想的关键灵感，是他在朋友家后院散步看鹿的时候想出来的。不过，这是因为张益唐特别热爱数学，哪怕在做其他事情的时候，他的大脑后台也在不停运作，才能组合出新点子。

相反，如果你是出于他主动机，那么你表面上是在参加头脑风暴会议，但你的大脑后台其实在哭喊："老天啊，快赐我一个灵感，让我下班走人吧！"你怎么可能想出高质量的创意呢？

专注于研究自主动机的自我决定理论兴起于 20 世纪 70 年代。那时美国市场上的重复性劳动逐渐减少，对创造性劳动的需求越来越高。企业家发现，用奖金、晋升等方式来管理员工已经不太好使了。这是因为，对于**重复性劳动**，员工每多钻一颗螺丝钉，就多赚一毛钱，当然要努力提高效率；但是对创造性劳动来说，员工每想出一个点子，就给予 100 元奖金，这能激发他们想出好点子吗？很难。这样激发出来的很可能只是 100 个平庸的点子。

他主动机泛滥的原因

当然我们都知道，到了 21 世纪，重复性工作越来越少，社会上最紧缺的是创造性人才。那为什么他主动机还会如此泛滥呢？

因为很不幸，有一个领域仍然以重复性工作为主。我指的可不是体力劳动，而是应试教育。应对考试主要靠学生对知识点的记忆程度、解题的熟练程度，这些都要靠重复性劳动来提升，这是他主动机更擅长的。

有些家长用他主动机来驱动孩子学习，孩子考得好，就奖励手机、外出旅游，孩子考得不好，就是一个大耳光，这是简单粗暴的外部动机。高级一些的做法是用内摄动机，比如父母对孩子说："我们家的希望都在你身上了，你可一定要努力啊！"或者说："爸爸妈妈都为你付出了这么多，你还不好好学习，你还有良心吗？"

家长们不知道怎样驱动自主动机吗？当然不是，其实家长们知道，对于存在大量重复性劳动的应试教育来说，他主动机就是比自主动机见效快。这么一说，孩子果然自己乖乖学习了。有些家长还特别得意："我家孩子学习都不用大人管！"但是，这些孩子真的是出于自主在学习吗？还是只是在迎合外界的期望呢？

如果孩子长期活在他主动机的控制之下，就会出现现在大学里流行的"空心病"。很多大学生在脱离了父母的监管后再也不愿意学习，将来无论对工作还是对生活，都缺少自主性。毕竟他们从小就缺少自己做主的机会，又怎能发展出真正的自我呢？他们的心当然是"空"的了。

所以孔子说："古之学者为己，今之学者为人。"迎合外界，虽然可以让你在短期的重复性竞赛中领先，却会让你在整个人生旅途中迷失方向。最终，你的人生还是要靠你自己来做主。

对于这个道理，很多成年人都懂，但是落实到对孩子的培养上，就转不过弯来了。

动机之间可以转换

那么，如果你觉察到自己现在就是缺少自主动机，该怎么办呢？

不用着急，因为不同的动机之间是可以转换的。

首先，我们做一件事时，本来就经常是多种动机并存的。比如，你工作可能既是为了拿到工资（外部动机），也渴望能展现自己的价值（整合动机），同时希望避免被人说三道四（内摄动机）。此外，你可能还很喜欢一部分工作内容（内在动机）。

其次，不同动机之间的界限是模糊的。假如你担心被别人说三道四而去工作，这是在迎合别人的观念，也就是内摄动机；但如果你自己也认同人确实应该工作，这时你去工作就是出于整合动机。这两种动机之间并没有那么清晰的界限。

你可能听过这样一个故事，有一个老人住在一个安静的街区，有一天忽然来了一群小孩，他们开始踢球。由于太吵了，老人感觉很不舒服，就对孩子们说："感谢你们来踢球，以后你们每来一次，我给你们每人一块钱。"孩子们当然很高兴，踢球还有钱拿，第二天又兴高采烈地来了。但老人这次只给了每个人五毛钱。第三天，老人干脆说自己没钱了，让他们每天免费为自己踢球。这下孩子们就生气了，后来干脆不来了！

这个老人当然很有智慧，但如果从孩子的角度来看这件事，其实他们被老人操控了动机。本来孩子们踢球肯定是出于内在动机的，他们享受踢球，可是老人给他们加了一个外部动机，让他们以为自己是在为钱踢球，那么一旦老人把这个外部动机"撤走"，他们就连做这件事情的动机都没有了。

你可能觉得这不过是一个虚构的故事，但自我决定理论的创始人之一爱德华·迪西真的把这个故事搬进了实验室。他招募了一批孩子来玩积木游戏。第一天,实验组的孩子随便玩;第二天,孩子玩完之后收到了一些钱;第三天,孩子没收到钱。对照组的孩子则一直没有钱拿。结果发现,不收钱的孩子对积木的喜爱度一直没变,但实验组的孩子在第二天拿到钱之后,对积木的喜爱度立刻爆棚,可是第三天没钱拿了,他们的喜爱度就瞬间下降,比第一天时还低了很多。

把动机变得更自主

迪西的这项实验和那位老人的故事一样,都是在把动机变得更加不自主。当然,我们完全可以反过来,用这种方法把动机改造得更加自主。如果你用自主动机去激发他人,往往能取得比使用他主动机更好的结果。

沃顿商学院的亚当·格兰特(Adam Grant)教授在这方面做过不少研究,其中一个案例是这样的:在一所大学的电话中心,话务员每天的工作就是给校友打电话,请他们捐款资助学校的贫困生。但是大部分时候,他们都被人残忍地拒绝了。因此,他们体会不到自己工作的价值,产生了严重的职业倦怠。

格兰特教授出了个主意,让那些获得资助的学生来到这个电话中心,跟这些话务员面对面交谈5分钟,告诉他们,自己的生活如何因为他们的工作被改变了。结果,这5分钟不仅让话务员意识到自己工作的意义和价值所在，还激发了他们的自主动机。从那以后，话务员每周打电话的时长增加了42%，每个人拉到的捐款额增加了71%，他们的情绪也改善了很多。

顺着这个思路，我们可以讨论一个重要的问题：怎样才能在每天的工作中拥有更多的自主动机？

耶鲁大学的心理学家艾米·弗热斯涅夫斯基（Amy Wrzesniewski）教授系统地研究了这个问题。她把人们工作的动机分为3种：第一种是打工，工作就是为了赚钱；第二种是职业，人们希望得到职业发展；第三种是召唤，要在工作中实现自己的意义。

弗热斯涅夫斯基教授还引用了一个你可能知道的故事。建筑工地里有3个工人在干活，有人问他们在干什么。第一个工人说："我在搬砖。"第二个工人说："我在造一座漂亮的房子。"第三个工人说："我在帮助人们住得更好。"第一个工人把工作看成了打工，第二个工人把工作当成了职业，第三个工人则是把工作看作召唤。结果10年后，这个提问者再次回到工地，发现第一个工人还在搬砖，第二个工人已经成为一名工程师，而第三个工人当上了市长。

这个故事看上去像心灵鸡汤，但弗热斯涅夫斯基教授为此做了调查研究，她发现：无论对工作、人生的满意度，还是在工作中的表现，把工作看成打工的人都是最低的；把工作看成职业的人，居中；而把工作看成召唤的人，最高。

这就是自主动机的威力，在短期内它可能不显山不露水，甚至还会令一个人被他人嘲笑，但是从长期看，这样的人一定能胜过被他主动机驱动的人。

当然，增加动机的自主性，除了前面提到的价值和意义，还会增加我们对事情的喜爱度和享受程度。对于这部分，我会在后面关于"心流"的部分具体解说。

积极小行动

改造你的工作、生活环境

请尝试改造你的工作环境或生活环境，以此激发你的自主动机。比如，在工作座位上摆上家人的照片，把座右铭设置为电脑屏保。也可以把自己喜欢的活动所需的东西（比如美工画笔）放在醒目的地方，提醒自己：我的工作充满意义和乐趣。

以我自己为例，我会把教过的学生现在应用积极心理学的照片和反馈打印出来，贴在办公室里。每次无意中看见，我都觉得自己的工作很有意义。

幸福重点

1. 短期内，他主动机确实比自主动机更有效。可是这种有效往往只集中在重复性工作上，对于创造性工作，自主动机更有效。
2. 我们做一件事时往往是多种动机并存的，动机与动机之间的界限并不明确。因此，做事的动机是可以发生转换的。
3. 我们完全可以把动机改造得更加自主。如果你用自主动机去激发他人，往往能取得比采用他主动机更好的结果。

08 成长型思维：如何实现持续提升

我在前文一直强调，自我并不是固定的，而是一套随时可以通过行动改变的模型。这其实就是现在很流行的一个概念，叫"成长型思维"。

现在市面上有很多关于成长型思维的文章，你可能也听说过一些观点，比如"要夸孩子努力，不要夸孩子聪明"，或者"只要自己努力，就一定会变得更好"。

这些观点不能算错，但是对成长型思维的解读还不够深。这一篇，我将带你深入掌握成长型思维的本质。

成长型思维是什么

成长型思维的"出圈",来自斯坦福大学心理学系的卡罗尔·德韦克(Carol Dweck)教授所带团队做过的一项实验。团队邀请了一批小学生来做智力测试题:他们先是给小学生们发了一套特别容易的题,结果每个孩子都答得很好。这时他们对一组孩子说"你们做得很棒,你们真聪明",对另一组说"你们做得很棒,你们一定很努力",后者是对照组。

接下来,他们向孩子们发了第二套测试题。不过这一次,他们让孩子们自己选:是要做一套比较难、但可以从中学到很多东西的题目,还是一套比较简单、肯定可以得高分的题目?结果发现,那些被夸聪明的孩子更可能选简单的题,因为他们希望别人觉得自己聪明;而那些被夸努力的孩子更可能选难题,因为他们觉得成绩不重要,重要的是努力,做难题才够努力。

到了第三轮,团队给每个孩子发了套非常难的题,每个孩子都做得一塌糊涂。这是一个挫折。这时再问他们对这套难题的看法,结果,那些被夸聪明的孩子说"这些题不好玩,我不喜欢",还不愿意把题带回家继续钻研;而那些被夸努力的孩子会说,"这些题目挺好玩的,我喜欢,我想把这些题拿回去再继续琢磨"。

最后,团队又给他们发了一套正常难度的题,结果发现,被夸聪明的孩子这一次的成绩变差了,而被夸努力的孩子的成绩变好了。

在另一项研究中，被夸聪明的孩子更可能对自己的差成绩说谎："这道题我以前在家里做出来过，但是今天我忘了怎么做了。"而那些被夸努力的孩子会对自己的成绩如实地做出反应——错了就是错了。

只是被夸赞的一句话不同，竟然能引起这么大的差异，这是为什么呢？德韦克教授解释说，这是因为对于智力，人们经常有两种不同的思维模式：一种是成长型思维，即认为一个人的智力可以一直成长；另一种是固定型思维，即认为一个人的智力大部分是由先天决定的，基本上固定不变。团队夸奖孩子聪明，就是在暗示他们表现得好是由于先天的智力，这激发了他们的固定型思维；而夸孩子努力，就是在暗示他们表现得好是由于持续努力而得到的提升，激发的是成长型思维。

这项实验说明，成长型思维让人倾向于追求学习型目标，也就是更在意学到了什么，即使遇到挫折，考虑的多是如何战胜困难，还会越战越勇；而固定型思维让人倾向于追求表现型目标，也就是更在意外在表现，在意其他人怎么看自己，具有这类思维的人遇到挫折之后更容易放弃。

成长型思维和固定型思维能带来多大的区别呢？德韦克教授和她的学生后来分别于2019和2022年在权威的《自然》(*Nature*)杂志上发表了两篇论文。

他们在其中一篇论文里写到，给孩子看50分钟能激发成长型思维的视频，就可以把落后学生的成绩提升 0.11 个标准差。不要觉得 0.11 个标准差小，在正态分布里，0.11 个标准差不多就是人群中 4% 的差异了，而这只不过是让孩子看了 50 分钟视频而已。他们在另一篇论文里写到，除了成绩，成长型思维还可以提升学生的幸福感和身体健康水平。

由此可见，培养孩子的成长型思维确实大有益处。

破除误解

今天，有关成长型思维的话题有多火，已经不用我多说了。但是，由于很多人不了解成长型思维的本质，因此他们存在着不少误读。

第一种误读是，成长型思维只强调努力，认为别的都不重要。

德韦克教授专门澄清过这一点。成长型思维的本质是相信智力可以提升，但是想要提升智力，除了努力，还需要找到正确的方法。否则，假如使用错误的方法努力很久，依然无法取得进步，那么就算老师再讲一万遍成长型思维，学生肯定还会怀疑自己天生就是笨。

第二种误读是，认为当孩子遭遇挫折的时候，对他说"没关系，你已经很努力了"，有助于培养他的成长型思维。这一点在今天的教育界仍然很常见。

德韦克教授认为并不是这样。当初她提出成长型思维的初衷之一，就是为了反对在美国教育界非常流行的所谓"高自尊运动"，也就是无论孩子做得怎么样，老师都夸奖他"真棒"。德韦克教授认为，这样的夸奖并不能保证孩子得到真正的提升。

什么才更重要呢？德韦克教授认为，重要的是提升本身。如果孩子确实提升了，当然要夸奖他；如果孩子并没有提升，那就别夸奖了，这时应看看他的问题出在哪里，也许他用错了方法，如果是这样，那就教给他正确的努力方法。

举个例子，如果孩子数学没考好，你跟他说"别担心，只要你一直努力尝试，你就会考好的"或"你已经很努力了，尽力了"，这并不能激发他的成长型思维。真正有效的说法是"你觉得数学难，这说明你的大脑正在成长"，或者"关键不是一下子就都做对，而是一步一步地理解问题，下一步你可以尝试什么呢"。

为什么后一种说法才有效呢？从大脑的预测编码理论出发，其实很好理解。努力只是在一遍遍地做事，但如果每次做事的反馈都是一样的，那大脑的模型就不会更新，我们也就没有真正的提升。在遇到挫折的时候，我们要做的其实是调整做事的方法，逼大脑更新模型，而不是用战术上的勤奋掩饰战略上的懒惰。后者只会让你看上去很努力，其实并没有提升。

不过，如果你已经理解了成长型思维的底层逻辑，也就是大脑里本来就没有智力、能力等固定的东西，而只有解决问题的一套套预测模型，那你肯定不会掉进关于成长型思维错误理解的坑里。

成长型思维的应用

你现在可能已经想到了：除了智力、能力，是不是其他特质也可以用成长型思维来看待？答案是肯定的，研究者已经发现，成长型思维确实可以应用在人类心理的每一个方面。

比如兴趣。流行文化其实一直在灌输我们一个关于兴趣的固定型思维——"你要找到自己的兴趣"。好像只要找到真正的兴趣，就能梦想成真。而为什么你做不好现在的工作呢？因为你对它不感兴趣。等哪一天找到自己感兴趣的工作了，而真正的潜能就会爆发。

但其实，就算对一件事情有浓厚的兴趣，你仍然会遇到障碍。研究者发现，这时候，对兴趣持固定型思维的人更可能选择放弃，因为他们会觉得：看来这不是我真正的兴趣，要不然我为什么不能手到擒来呢？

相反，对兴趣持成长型思维的人会很清楚，兴趣是通过努力以及跟外界的互动而逐渐发展的。因此，他们在遇到挑战之后仍能继续保持兴趣，并且哪怕已经有了很多兴趣，他们仍然可能发展新的兴趣。这样的人自然会过得比对兴趣持固定型思维的人好。

我再用亲密关系举例。固定型思维的人认为，要获得一段好的亲密关系，关键是找到对的人，所谓"一把钥匙配一把锁"，比如"我有一个命中注定的爱人，在那里等着我去寻找"。这其实是在逃避问题，绕过了亲密关系中真正的挑战，只靠幻想找到对的那个人来解决问题。这种想法当然让事情变得简单很多，一揽子就能解决终身大事；但同时又增加了难度——反正也找不到完美的人，所以永远不用逼自己面对亲密关系中真正的问题。

而成长型思维的人认为，亲密关系是发展出来的。哪怕是一段已经存在的亲密关系，也不是"一旦王子遇到公主之后，他们从此就永远过上了幸福的生活"，还需要两个人共同经营，不然再好的关系也会出问题。反过来，目前看起来似乎无可救药的关系，经过正确的努力也能变好。

培养成长型思维

既然成长型思维这么好，那有什么办法能培养呢？

方法有很多，最简单易行的方法现在就可以做起来，那就是关注自己内心的固定型思维念头，然后用成长型思维取代它们。具体怎么做呢？前面已经讲过不少例子，我们来拓展练习一下。

假设在工作中，如果你被分配了一个看上去比较容易的项目。固定型思维的念头会是："真没劲，这个项目好无聊。"或是："这种项目做好了也得不到表扬，做不好就会被批。"但成长型思维的念头会是："我怎么挖掘出这个项目的潜在难点，做出预期之上的效果？"或是："我能不能换一种方法来做，锻炼自己的能力？"

而如果你被分配到了一个较难的项目。固定型思维的念头会想："我能做好吗？这个项目失败了的话，我会不会被人笑话？"成长型思维的念头则会努力想办法克服困难，比如："我怎么才能做好这个项目？这个项目会锻炼我的哪些能力？"

在人际关系上，你也可以主动做这个练习。

假设在会议上，有同事质疑你。固定型思维的念头会是："哼，他这个人就是喜欢显摆自己有多聪明，他懂个屁！"成长型思维的念头则是："虽然我并不完全同意他的说法，但他的观点里有没有能帮到我的呢？我得检讨一下我的交流方式，怎样才能让他更好地理解呢？"

再假设，你所在的公司调整了组织架构。固定型思维的念头是："又调整了！我好不容易才对这个组织架构熟悉起来了。总是调来调去，上面有没有想清楚啊？"但成长型思维的念头可能就是："新架构为什么会是这样的呢？站在上级的角度，这么调整为什么更合理呢？我在新架构里的角色是什么？我怎么才可以在这个角色里学到更多、发挥得更好？"

积极小行动

察觉内心

请你开始留心自己平时内心的想法：在遇到各种场景时，是成长型思维的念头多一些，还是固定型思维的念头多呢？如果你察觉到了一次偏固定型思维的念头，就按照这一篇的内容，试着转换成长型思维，看看有什么样的新感觉。

幸福重点

1. 对于智力，人们经常有两种不同的思维模式：一种是成长型思维，认为智力可以一直成长；另一种是固定型思维，认为智力是由先天决定的，固定不变。
2. 成长型思维可以应用在人类心理的每一个方面，除了智力，还有兴趣和人际关系。
3. 培养成长型思维的方法有很多，最简单易行的是，关注自己内心的固定型思维念头，然后用成长型思维取代它们。

09 自尊：如何拥有稳定高自尊

所谓自尊，在心理学上指的是一个人对自我的总体评价和感受。你觉得自己有价值吗？有能力吗？值得被爱吗？总体上看，你喜欢自己吗？对这些问题的回答越肯定，一个人的自尊就越高。

那自尊是高一点好，还是低一点好呢？显然，高自尊对人是有好处的。

在人际交往方面，如果一个人表现得很热情，高自尊的人会预测这个人喜欢自己，那他就可能用同样的热情对待对方，两个人就能建立好的关系。低自尊的人则会本能地觉得自己不配被喜欢，认为对方肯定对自己另有所图，于是处处防范他人，自然就难以与人建立好的关系。

在遇到挑战的时候，高自尊的人会预测自己能战胜困难，开开心心地就冲上去了；低自尊的人则预测困难会战胜自己，从一开始就放弃了。

所以总的来说，高自尊的人更果断、更乐观，也更有韧性。

那么，怎样才能拥有高自尊呢？

对此，很多人的第一反应就是：多夸夸，人的自尊不就高了吗？20世纪80年代的美国人也是这么想的。那时候，美国教育界掀起了一场轰轰烈烈的"高自尊运动"，要求父母、老师多夸奖孩子，让孩子们觉得自己有价值、有能力、有人爱，这样他们长大之后就会拥有高自尊，会过得更幸福。

但自尊真的靠夸就能变高吗？很不幸，并非如此。在"高自尊运动"下成长起来的孩子反而变得更脆弱了，他们听不得任何负面消息，遇到一点困难就想绕着走，做了一点小事就指望得到"五星级"表扬。

这是怎么回事呢？

自尊的类型

这个谜团，最终由乔治亚大学的心理学家迈克·柯尼斯（Michael Kernis）解开了。他发现，过去人们对自尊的理解太片面了。

自尊其实分为两层。我们平时注意到的是外显自尊，就是在外面显示出来的、我们能够意识到的自尊。但更重要的是内隐自尊，就是隐藏在内心深处，我们自己都不一定能意识到、但本能会感觉到的自尊。

别人总夸你，你也觉得自己挺了不起的，你的外显自尊就升上去了。内隐自尊可没这么容易升上去，只有你真正经历了一系列成功体验，你的大脑才会不假思索地预测你以后也会成功，才能建立"我有价值""我有能力"的模型。

以前那些高自尊的孩子往往真的是能力强、讨人喜欢，并且已经拥有一系列成功体验，他们的未来当然也会更成功。但是，在"高自尊运动"下夸出来的孩子，他们表面上相信自己有价值，但是潜意识里并不信，因为他们没有足够多的生活体验作为基础，他们内心深处仍然忐忑不安，当然就会变得更加脆弱。

那么，什么样的自尊状态才是比较理想的呢？柯尼斯教授划分了4种自尊类型：

第一种，稳定高自尊，即外显自尊和内隐自尊都很高；

第二种，脆弱高自尊，即只有外显自尊高，内隐自尊没那么高；

第三种，脆弱低自尊，即外显自尊低，内隐自尊没那么低；

第四种，稳定低自尊，即外显自尊和内隐自尊都很低。

一个人脆弱还是稳定，主要看外显自尊和内隐自尊是否一致：不一致就是脆弱，一致就是稳定。

哪种人的内心最强大呢？当然是稳定高自尊的人，也就是外显自尊和内隐自尊都高的人。对于别人的批评或挫折，稳定高自尊的人坚信自己是有价值的，外界的评价不会威胁到他们。

哪种人的攻击性和防御心理最强呢？其实是脆弱高自尊的人。因为脆弱高自尊的人内心对自己的价值没有把握，却又特别希望证明自己有价值，所以一遇到批评或挫折，他们就很容易反应过度。

我们在生活中经常会这么说："那个人的自尊心很强，你跟他打交道的时候要小心。"意思就是，不要随便批评他，说话时得委婉一点，以免刺激到他。其实，这样的人强的只是外显自尊，内隐自尊反而比较低，不然就不会对别人的批评那么敏感了。

4 类自尊的典型代表

那么，我们如何判断一个人属于哪种自尊类型呢？我给你举一组特别典型的例子，就是《西游记》里的师徒四人。

稳定高自尊的人通常比较自信、有激情，同时又很谦虚，对别人抱有善意假设，对应到师徒四人中就是唐僧，他有非常执着的信仰，知道自己是有价值的，所以面对外界的批评能够泰然处之。假如你对唐僧说"你不懂佛法",他会说"这位施主,你严重伤害了贫僧的自尊心"吗?不会的,他肯定会说:"我也这么觉得,咱们来聊聊,请你多指教。"

如果你看到有人一被别人批评两句就暴跳如雷,那他很可能是脆弱高自尊。他们通常会比较固执、敏感,有攻击性,甚至比较强势,好像总要跟别人争论,因为他们要用外在的强硬来掩饰内隐的低自尊。孙悟空就是典型的例子,你只要叫他一声"弼马温",他就要跟你大战300回合。因为他虽然表面上觉得自己很了不起,但心里又没有把握。

稳定低自尊的人则表现为平时不太有想法,逆来顺受——这对应的当然就是沙和尚。生活中,稳定低自尊的人很容易被PUA。网上流传一些所谓的PUA秘诀,其中关键的一步都是打破对方的自尊。一旦自尊降到最低,人就会认为自己没有价值,听任其他人摆布。

而脆弱低自尊的人则容易患得患失,外表可能很平静,但内心常常骚动不安。他们经常会做些"骚操作",可一遇到挫折就乖乖投降,这对应的自然就是猪八戒了。

我从小就有一个疑问:为什么"取经团队"的领导者是唐僧?明明应该是能力最强的孙悟空啊!后来我才明白,唐僧拥有稳定的高自尊,他最坚定也最有信心,能够咬住取经的大目标不放松。而且他总是怀着善意假设,是唯一能把整个团队团结到一起的人。

现在，我给你出道题：《红楼梦》里的林黛玉、贾宝玉、贾迎春和贾环，他们分别属于哪种自尊类型呢？

林黛玉是典型的脆弱高自尊。她虽然认为自己有价值，是大小姐，美丽有才，但她的内心其实惶恐不安。因为她寄人篱下，深深怀疑除了贾母和贾宝玉，没有人真的爱自己。

贾宝玉是典型的稳定高自尊。他非常自信，深信自己有价值，在林黛玉耍性子的时候，有足够的心理能量包容她。

贾迎春是稳定低自尊。她对于外界逆来顺受，连自己的贴身丫鬟都要被赶出大观园了，她都不敢出头保护对方。

贾环则是脆弱低自尊。他的母亲是小妾，他心里很清楚别人看不起他，几乎没有人真的喜欢他，因此外显自尊比较低。但是他内心又觉得自己还是有一点价值的，所以他的内隐自尊还没有完全放弃。他知道自己差，又心有不甘，遇到事情时还想争取一下，可是被外界一打压，他往往又灰溜溜地退缩回去了。

测试你的自尊类型

你是不是也想知道，自己属于哪种自尊类型？接下来，我们就来测试一下。下面有 4 个问题，它们不是标准的心理学量表，结果只供你参考。如果你觉得几个选项自己都有一点沾边，那就选最有可能的选项。

1. 当一个困难项目终于取得成功时,你内心真实的想法是:

A. 好开心,真自豪!

B. 哼,那些一直怀疑打击我的小人,现在都傻眼了吧!

C. 现在大家应该会觉得我还不错吧!

D. 这次真是走运啊!

2. 被同事赞扬时,你通常会怎样回复:

A. 非常感谢。

B. 哈哈,还是你懂我啊,继续夸吧!

C. 哎呀,你夸得我有些不好意思了。

D. 千万别夸了,我没有这么好。

3. 当一个项目失败的时候,你内心真实的想法是:

A. 我这次项目没做好,失败了。

B. 都是他们的错!

C. 真是的,怎么又搞砸了!

D. 唉,我就知道我会失败……

4. 当同事对你提出批评意见时，你通常会怎样回复：

A. 那让我们来讨论一下吧！

B. 就你那样，凭什么批评我？你还不如我呢！

C. 好的，我一定改正。

D. 没错，我比你说的还要糟糕。

在 4 个选项中，A 对应的是稳定高自尊，B 是脆弱高自尊，C 是脆弱低自尊，D 则是稳定低自尊。我猜你的答案很可能分布于 4 个选项之间，因为大部分人其实都是 4 种自尊类型的混合体，要找到一个纯正的"猪八戒"并不容易。

自尊是动态变化的

自尊作为自我的一部分，其实也只是大脑的一套模型，因此必然是动态变化的。你的自尊并不由你此刻选择的 A、B、C、D 等选项来决定，而需要用成长型思维来看它。

首先，一个人的自尊类型会随着领域的变化而变化。比如，有人在工作时非常自信，可是跟伴侣在一起，碰到情感问题时，他就变得非常敏感。这可能是因为，他在工作中取得了很多成功，是稳定高自尊，但是在情感领域经常遭受挫折，变成了脆弱高自尊。

其次，一个人的自尊类型会随着时间的变化而变化。比如，有人本来是稳定低自尊，但假如他的领导给予了他充分的关心和支持，布置给他的是稍高于他能力的任务，让他努力之后正好可以完成，加之周围人也经常肯定他，那他工作一段时间之后，就可能从稳定低自尊变成稳定高自尊。

再次，一个人的自尊类型还会随着场合的变化而变化。比如，有人跟自己团队一起工作时是稳定高自尊，但是跟其他部门合作时，好像总被对方批评、攻击，对于对方的领域他也不太懂，那他很可能在那个场景下就变成了脆弱低自尊。

变成稳定高自尊的方法

既然自尊类型是可以变的，那么怎样才能使我们的自尊变得既高又稳定呢？

第一点，不要掉到"坑"里。比如像"高自尊运动"那样，每天对着镜子喊"你真棒""我爱你"。这种方法不能说完全没用，但是只能提高你的外显自尊，对内隐自尊是没有任何影响的。

第二点，想要提高内隐自尊，只能通过日积月累的行动，获得一点一滴的成就。自豪感、获得感，奋斗过程中感受到的心流，以及咬牙坚持的毅力，才能有效地训练你大脑里的深层模型，让它们得真心相信你是有价值的。

不过，虽然提高内隐自尊没有捷径，但还是有技巧的。现代心理学的奠基人威廉·詹姆斯提出过一个公式：

自尊 = 成功 / 目标

我们在前面只看了成功这个分子，其实要提高自尊，还可以在目标这个分母上下功夫。对于同样的结果，比如用 5 小时跑完一场马拉松，如果你的目标是 4 小时完成，那你结束后会对自己比较失望；但如果你的目标是只要跑完全程就是胜利，那你一定觉得自己棒极了。

所以，要提高内隐自尊，你可以设立一些自己更能达成的目标。当然，我不是让你去和小学生比数学，和外国人比中文。我有一个更好的建议：多追求内在目标，而不是外在目标。

什么意思？内在目标就是那些你认同或享受的目标。举个例子，你特别享受跟喜欢的人一起聊天、吃饭或做一些对社会有贡献的事情，那你就只管去做，你总能做到的，还会收获价值感、成就感。但追求外在目标，比如"希望别人认为我是个好人""希望我的成就达到社会上的什么排名""拥有多少财产""我的外在形象得是什么样子"，等等，那就很难讲了。研究发现，追求内在目标的人，其幸福感和自尊都更高。

说到底，内在目标可以由我们自主掌控，只要按自主动机行动，就是在帮助大脑增加自我价值感；但外在目标难以掌控，哪怕个人再努力，也可能会失败，很容易打击自尊。

所以，追求稳定的高自尊是有法可循的，那就是按照自主动机去行动。别人的喜好与评价难以掌控，但你自己的友善可以掌控；工作业绩难以掌控，但你的努力和工作态度可以掌控；你的外表难以掌控，但你的生活方式可以由你自己掌控。

追求外在目标，最好的结果不过是拥有脆弱高自尊，哪怕外显自尊再高，一个人内心深处仍然会怀疑自己的价值，因为外在目标永远受外界的影响，拥有的随时都可能失去。只有内在目标才能让你获得稳定的成就感。

积极小行动

成就清单

也许你已经取得了不少成就，但是自己没有觉察到，这个方法有助于强化你的成功印象，增加你的内隐自尊。你可以写下最近一段时间让你印象深刻的成就。请注意，成就没有大小之分，只要是你感到有意义的时刻，都可以。

幸福重点

1. 自尊有两层：外显自尊和内隐自尊。内心最强大的是拥有稳定高自尊的人，也就是外显自尊和内隐自尊都高。
2. 自尊是动态变化的，我们要有关于自尊的成长型思维。一个人的自尊会随着领域、时间和场合的变化而变化。
3. 追求稳定的高自尊是有法可循的，那就是按照自主动机去行动。

10 优势商：如何发挥自己的优势

积极心理学里有一个著名的体系，叫"品格优势和美德"。你可以把它简单地理解为，如何找到自己的优势并把它发挥出来。

品格优势与美德体系

你可能会问：一个人要发挥优势、扬长避短，这明明是常识，有什么好强调的呢？但是对于同一件事，你把它看作优势还是劣势，出于你看待自我的方式不同，将会产生巨大的差异。

在积极心理学运动兴起之前，心理学界对人类心理特质的总结大多是负面的。最典型的一个例子就是，有一本叫《精神障碍诊断与统计手册》（*Diagnostic and Statistical Manual of Mental Disorders*）的书，详细地列出了人类所有精神障碍的症状。我读这本书的时候，一边看一边冒冷汗，发现自己这条也符合，那条也符合。在翻开这本书之前，我还是一个正常人；当合上这本书的时候，我已经是一个隐藏的精神病人了。

这就是标签的力量。在没有对一样东西进行归类、贴上标签之前，我们容易对其熟视无睹。可一旦贴上某种标签，这种标签就会在你的大脑里构建一个新模型，它会反过来预测你的下一步行为。比如，有人时不时地有点心情低落、犯懒、不想动，可并不觉得自己有什么大问题。但是在看了对心理问题的种种描述之后，他会对号入座——"我这是'××病'啊！"他就更可能表现得好像真的得了这种病一样。

不过好消息是，大脑模型是中立的，除了给你贴消极的标签，它也可以给你贴积极的标签，你可以用它来影响自己的未来。

马丁·塞利格曼在发起积极心理学运动之后，提出的第一个问题就是："我们能不能有一本跟《精神障碍诊断与统计手册》相反的积极品质手册？"

于是，他找来了著名的人格心理学家克里斯托弗·彼得森（Christopher Peterson），共同创建了人类的品格优势和美德体系。他们在古今中外的各个主流文明中寻找依据，包括中国的儒释道、西方的基督教，还有伊斯兰教、印度教等，然后总结出了6大美德，它们分别是智慧、勇气、仁慈、公正、节制、超越。每种美德又包含3~5项优势，总共24项优势。这就是积极心理学的品格优势与美德体系。

> 智慧：创造力、好奇心、判断力、好学、洞察力；
> 勇气：勇敢、坚毅、诚实、热情；
> 仁慈：爱与被爱、善良、社交智能；
> 公正：公民精神、公平、领导力；
> 节制：宽恕、谦逊、审慎、自我规范；
> 超越：欣赏美和卓越、感恩、希望、幽默、灵性。

为什么优势很重要

心理学家为什么要如此努力地寻找优势？有没有哪些硬科学基础呢？

有的。美国盖洛普公司曾经做过一项横跨29个国家/地区、7个行业、涉及近2万名员工的大规模调查，针对的是公司员工的表现。结果发现：如果领导更能看见下属的优势，那么下属的业绩就会变好；反之，如果领导偏重强调劣势和做得不好的地方，那么下属的业绩就会变差。

为什么会这样呢？一个重要的原因是员工的投入度。投入度不仅仅是指员工愿意花多少时间加班，更多指的是员工发自内心地认同、喜欢这个工作，也就是前面讲过的自主动机。研究发现，那些能让员工发挥优势的团队，其投入度的提升是对照组的两倍以上。

此外，积极心理学的优势体系并不只为职场服务，它涵盖的是所有人生场景，从工作到生活，从家庭到个人成长。你不用费劲地去记住那24项优势，重要的是用"寻找优势"的视角来看待自我，并能在各种场景中把优势发挥出来。

如何找到自己的优势

怎样才能充分发挥自己的优势呢？第一步当然是找到它。这看起来简单，但如果我现在问你"你的优势是什么"，你是不是还挺难立刻回答上来的。为此，我推荐你3种方法，试完之后，你一定会有答案。

最简单的方法是进行量表测评。我和武汉大学的喻丰老师一起开发了一份给中国人使用的品格优势量表，我放到了文后的"积极小行动"里，你可以测一下。这个测试结果既会给出你各项优势的分数，也会给出你优势的排名。

不过，测试结果只能作为参考，你还可以试试下面两种更具实操性的方法。

第一种方法是发现和欣赏别人的优势。

这种方法来自我翻译的一本书，即由美国心理学家瑞安·涅米耶克（Ryan Niemiec）和罗伯特·麦格拉斯（Robert McGrath）合著的《品格优势》（*The Power of Character Strengths*）。正所谓"当局者迷，旁观者清"，在别人身上发现优势其实比在自己身上发现优势更容易。先从这种简单易行的动作入手，可以慢慢增加你的"优势商"，也就是识别、描述和使用优势的能力。

具体怎样做呢？你可以先从"名人练习"开始，再延展到身边的亲朋、同事、普通人。

我在清华大学的课堂上经常让学生给苏东坡和猪八戒找优势。对于找苏东坡的优势，大家从来没有瓶颈，创造力、幽默、充满希望、勇敢……几乎可以说，24项优势他样样都具备。但是对于找猪八戒的优势，大家就开始面面相觑了。这时我会提醒他们，不要对猪八戒有偏见。其实在西天取经的后期，猪八戒表现得越来越勇敢、坚毅、有团队精神，不再像以前那样动不动就说要散伙回高老庄了。

这其实是在提醒我们，对优势也要用成长型思维去看待。像苏东坡那样的人，中国几千年来也没出现几个。我们普通人其实更像猪八戒，有很多缺点，同时也有不少优势。正因如此，我们才应对别人更宽容，也要持续修炼发现自己的优势。

不过，比总结名人优势更重要的，是观察身边的普通人的优势。你可以每天重点观察一个人，比如你下班回到家后，发现爱人已经烧好了饭，吃晚饭时他跟你交流一天的工作情况，你可以感受到他的爱、善良和社交智能。你也可以观察一位同事，看他如何投入工作，如何在会议中发表意见，这样你会看到他的团队精神、判断力和自我规范。

你还可以把这种方法反过来用，主动邀请别人说出你的优势。这种方法叫"优势约会"，是我在宾夕法尼亚大学的老师詹姆斯·帕韦尔斯基（James Pawelski）教授和他太太在《幸福婚姻》（*Happy Together*）里共同提出来的。

这种方法并不仅仅局限在爱人之间，你可以把它用在任何人身上。比如，在团建活动中请大家轮流说出每个人的优势，这不仅能够帮助每个人更好地认识到自己的优势，还能增进团队凝聚力。

第二种方法叫"积极自我介绍"。

什么意思呢？我们在进行自我介绍的时候，一般都会说自己是哪里人、从哪所学校毕业的、现在在哪里工作、从事哪种职业，等等。这些都是计算机科学里所谓的"结构化数据"，但是，一个人能够完全由数据库来表示吗？至少目前来看是不可以的。因此，积极心理学提倡，当你向别人介绍自己的时候，应该让别人看到你的内在实质。

但怎样才能让别人看到自己的内在实质呢？你只是口头上说自己勇敢、善良、勤劳，没人会相信啊！这时候，你要讲一个关于自己的高光时刻的故事，可以是你如何推动一个项目成功，如何解决了一个别人解决不了的难题，或者是你怎么帮助他人、激励他人的，又或者是你在某个诱惑面前是如何坚守原则的。这就是积极自我介绍。

如果现在你只能给别人讲一个关于你的正面故事，那会是什么？人类毕竟是一种情感动物，对于理性的标签，我们转眼即忘；只有带有情感的故事情节，才能让别人真正记住我们。

如何发挥自己的优势

通过做测试量表、观察别人的优势和积极自我介绍，你会充分了解自己的优势。接下来的问题是：怎样才能把它们发挥出来？我同样给你推荐3种方法。

第一种方法是，换一种新方法来发挥你的优势。很多时候，你的优势经常体现在某一个领域，但如果把它"移植"到另一个领域，很可能仍是有效的。比如我最突出的优势是创造力，这对我的工作显然很有助力，我也会试着把它用在家庭领域，比如跟孩子一起编故事，或者引导他们搭出与众不同的乐高形状。

你可以想一下自己最突出的那些优势。比如，也许你对同事很友好，对家人却比较严厉，那你能不能把社交智能应用到家庭中呢？也许你在专业上很好学，那你能不能也学一些理财知识？

第二种方法是，在劣势场景中使用优势。这种方法实践起来比较难，因为所谓的劣势场景就是那些你不喜欢、不擅长却又不得不做的事情，这个挑战似乎就意味着你没有优势。

那怎么办呢？积极心理学给出的答案是，尽量找到在劣势场景中使用优势的机会。人天生都是喜欢发挥优势的，怀着这样的想法去尝试，你很可能开始喜欢你原本讨厌的事情。

塞利格曼曾经给我们讲过一个故事。他让自己的孩子们负责洗碗——小孩子当然不喜欢洗碗，那怎么办呢？塞利格曼就测量了他们的优势，结果发现他其中的一个儿子最突出的优势是领导力。于是他就在家里成立了一个洗碗小组，让这个儿子做组长，组织所有孩子一起洗碗。他的这个儿子一下子就变得特别喜欢洗碗，每天吃饭的时候都催大家："赶紧吃，吃完我们就可以洗碗了。"

所以，你要牢牢记住通过前面的方法总结出来的优势，在遇到劣势场景的时候，一定要想一想自己能不能把它们用上。

第三种方法是优势约会的升级版。你不仅可以指出其他人的优势，并表示欣赏，还可以跟其他人约定，每个人都拿出自己的优势，大家共同做一件事情。

提出优势约会的帕韦尔斯基跟他太太都很有创造力，两个人想合写一本书。但是帕韦尔斯基以前几次想写都没有动笔,因为他有一项优势是谨慎,总觉得自己还没准备好。而他太太的一项优势是活力十足,做事风风火火,但写东西时不够深思熟虑。于是他们俩就优势互补,他太太推动,他来把关,终于写出了《幸福婚姻》这本书。

当然,提了那么多优势,并不意味着不需要修补缺点。不过,我们得先分清是什么样的缺点。

如果把人比喻成一艘船,优势就是动力系统,驱动船向前航行,而缺点就是船上的洞。如果是致命缺点,比如一个人吸毒,那就像破在船底的洞,不修补船就沉了;而那些不太致命的缺点就像船舷上的洞,虽然会导致一些水漏进来,但更重要的是发展这艘船的动力系统。

我们活着,不是为了不犯错误,而是为了不断进取,活出精彩人生。没有哪家企业在雇你的时候是因为你没有缺点,而必然是你有某项优势。

如果因为专注于修补缺点而忽略发展优势,我们就会像一艘天衣无缝的船,虽然永远不会沉下去,但没有足够的动力,到了海上也只会随波逐流,因为它连自己要去哪里都不知道。

积极小行动

优势测评

请你扫描下面的二维码,做一下美德与品格优势量表测试,系统地测量一下你最突出的品格优势是什么。

幸福重点

1. 把一件事看成优势还是劣势,因为看待自我的不同方式,会有巨大的差异。重要的是用"寻找优势"的视角来看待自我,并且在各种场景中尝试把这些优势发挥出来。

2. 发现自己优势的 3 种方法分别是:进行量表测评、发现和欣赏别人的优势、积极自我介绍。

3. 发挥自己优势的 3 种方法是:把自己的优势移植到另一个领域;在劣势场景中使用优势;互相指出优势并表达欣赏,并跟大家约定,每个人都拿出自己的优势来共同做一件事情。

11

自主联系：如何治愈关系的创伤

有一个因素，它对我们的影响特别大，却常常不由我们自己决定，这个因素就是：人际关系。

人际关系有多重要？与塞利格曼一起提出"品格优势与美德"的彼得森教授在给我们上课时，讲过他面向大众做的一次普及积极心理学的讲座。讲完之后，有一位老太太提问："您讲得很好，可是我什么都没听懂。您能不能用一句话把积极心理学说清楚？"彼得森想了想，回答说"other people matter"，翻译过来就是"别人很重要"。

为什么"别人很重要"这句话可以代表积极心理学？这可不

是彼得森一拍脑袋随口给出的回答，而是因为积极心理学通过海量研究证明了，和他人之间的关系是影响一个人是否幸福的最重要的外在因素。

塞利格曼和"幸福博士"爱德华·迪纳曾经做过一项研究——"什么样的人最幸福"。结果发现，幸福的人多种多样，不分贫富，不分老幼，但有一个共性，就是他们都有很好的人际关系。无论是友情、亲情、爱情的质量，还是别人对他们的评价，幸福的人的得分都远远高于普通人群。

为什么会这样呢？因为人类是高度社会性的动物，甚至有人认为，人际交往才是大脑进化的主要动力。人心可比物质世界复杂多了，尤其是对远古人类来说，一件事要做到既能得到张三的支持，又不得罪李四，还能让家里人满意，这可比打猎、采集难多了，需要大量的算力。人类的大脑被迫进化得越来越强大。

因此，大脑进化出来的情感基本都是与人相关的。有些人带给你爱和幸福，有些人带给你恨和恐惧，而在没有人的时候，你自己可能会有一种"寻寻觅觅，冷冷清清"的孤独感。即使是那些看起来与人并不直接相关的感情，比如取得成就的自豪感、担心任务做不好的焦虑感，也有很大一部分来自别人的肯定或惩罚。

好的人际关系不仅会直接给你带来爱和温暖，还会给你提供强大的缓冲网络。当你接收到的不是批评、苛责，而是支持、赞赏，你就不会背负太多追求外在目标的压力，可以把注意力集中在内在目标上，自然就会更幸福。

所以，塞利格曼在"升级"幸福公式时，在原有的积极情绪、投入和意义这 3 种元素之外，又增加了人际关系这一元素。他认为，人际关系不是追求幸福的手段，它本身就是幸福的一部分。

你可以自主选择关系

你可能会有疑问："赵老师，你把人际关系描述得这么好，我怎么感觉人际关系给我带来的更多的是压力呢？"确实，很多人都会有这种感受。"关系"这个词在中文里本就带有一些贬义色彩。

部分原因是文化差异。总体来说，东方人对人际关系的依存度比西方人更高。

美国心理学家哈泽尔·马库斯（Hazel Markus）和日本心理学家北山忍提出过一种理论，叫"自我建构理论"。他们认为，西方人的自我是独立型自我，就是自我独立于群体之外，强调的是内在属性；东方人的自我是依存型自我，人与人相互依赖，强调的是社会角色。

你的自我是依存型的还是独立型的呢？你可以做一个测试：用"我是……"开头，完成 5 个句子。你会怎样写？

我当年第一次做这个测试的时候，写的是"我是中国人""我是一个父亲""我是工程师"——因为那个时候我还在美国当计算机工程师。这些基本上都是我对我的社会角色的描述。

然后，我喊了一位白人朋友斯蒂文来做同样的测试，他写的是"我是斯蒂文""我是一个好人"，还有点开玩笑地写了句"我是美丽的"。这些基本上都是他对他本人的描述。

如果一个人对自我的描述更偏重社会角色，那他就趋向依存型自我；如果更偏重个人，那他就更接近独立型自我。总体而言，东方人比西方人更容易受到社会关系的影响。

这两种自我类型本身并没有好坏之分，但问题在于，如果一些关系是滋养性的，我们当然很幸福；可如果陷入压迫性、破坏性的关系中，我们会变得无路可逃，这就是为什么很多人觉得人际关系会带来压力的原因。

那么，为了减少压力，是不是就要减少人际关系呢？也不是。这个难题被土耳其心理学家齐丹·库查巴莎（Cigdem Kagitcibasi）解决了。土耳其本来就是东西方文化交汇的中心。库查巴莎发现，自我建构并非只有独立和依存这两种类型，还要看到另一个维度：现在的关系模式是不是一个人自主选择的？

西方人经常自主地选择孤立，即"我就是要与众不同，也不想跟别人产生太多纠葛"，这就是自主孤立型。

传统的东方人则是他主联系型，即"不管我愿不愿意，反正我得跟其他人产生联系"。

如果一个人背井离乡来到一个陌生的城市，他虽然想建立联系，可是一个好朋友都没有，这是他主孤立型，会让人非常难受。

还有一种是自主联系型，即"我自己决定跟谁连接、如何连接，虽然我喜欢别人带来的温暖，也愿意为别人做事，但我的关系仍然由我做主"，这是最幸福的一种模式。

库查巴莎发现，那些从东方国家移民到西方国家的人，在条件允许的情况下，既不会保留原来的他主联系型，也不会完全转变成自主孤立型，而是会巧妙地结合两种类型的优点，将关系模式转变成自主联系型。

更有意思的是，哪怕一个人不出国，只是从老家去到一线城市工作、生活，新环境同样会给他提供自主的可能性。大城市的人际关系压力相比老家那种紧密的圈子总归是更轻松的，而且他可以拒绝自己不想要的人际关系，保持自主性；同时，他依然可以拥有原来的亲密好友，得到好的人际关系的支持，这当然是最幸福的状态。

归根结底，自主和连接都是人类的基本心理需求。任何一种心理需求得不到满足，都会出问题。如果你觉得人际关系压力大，其实不是人际连接的问题，而是你的自主被侵蚀了。这时候，你不需要走另一个极端，选择彻底孤独，而是可以自主地选择一部分关系，自主地决定把这些关系建设成什么样子。

"无祸害，不父母"

以上这种思路同样可以用在我们人生中最重要的关系上，即我们和父母的关系，也就是所谓的原生家庭。

豆瓣上曾经有个小组叫"天下父母皆祸害"，各路网友在组里"吐槽"父母给自己带来的心理伤害。这个口号传播得很广，在我的课堂上，曾经就有同学对我说："老师，你讲得太好了！我父母都是祸害！我现在可以自主了，我选择不要这段关系了！"

我很理解他的这种心情，但我会告诉他，"天下父母皆祸害"的另一面其实是"无祸害，不父母"。

为什么呢？确实有些父母对孩子的"祸害"超出了正常范畴，比如长期精神虐待、心理控制，但这是极少数的。更多时候，人们控诉的"祸害"是自己在成长过程中从父母那里感受到的委屈、愤怒和不解。

实际上，人和人之间的关系本来就不可能只有甜蜜，没有伤害。说穿了，"祸害"是维系深层关系必须付出的代价。

亲子关系是世界上最深厚的关系，自然会产生各种让人"刻骨铭心"的伤害。谁的父母是完美的呢？如果有人从来都没有感受到来自父母的伤害，极小的概率是，他们的父母真的很理解他们，而比较大的概率是，他们和父母的关系并不深厚。

为什么关系越深，"祸害"越多？因为关系的本质是两个人的互动，而两个人关系再好，终归是有区别的。父母和孩子的年龄相差悬殊，相互不理解；丈夫和妻子的性别不同，关注点经常不一样；哪怕是"死党"、好朋友，彼此间也有性格、经历乃至利益的差异。

互动越多，可能发生的冲突也就越多。不仅仅是"无祸害，不父母"，还有"无祸害，不夫妻""无祸害，不闺蜜"。如果想要彻底"无祸害"，唯一的办法就是不发展任何深层关系，只保留点头之交。

不过，深层关系值得我们承受一些"祸害"。其实，如果那些认为父母从来没有祸害自己的孩子仔细回忆，多多少少也能想起一些跟父母之间的不愉快经历，甚至冲突。可父母给他们的关爱更多，他们早就忘记了那些不愉快和冲突。就像西方的一句谚语说的，"每朵玫瑰都有刺"，爱是人之为人的根本之一。只要你用真心发展深层关系，你的收获一定会远远多于代价。

此外，我们对关系也要抱持成长型思维。任何关系都不是一成不变的，我们可以主动建设。只要我们足够小心，经过练习，完全可以"不用被刺就采到玫瑰"。过去的关系可能确实存在祸害，除了一刀两断，还可以选择接纳过去，集中精力面对未来。

如果那些认为"父母皆祸害"的人能多和父母聊天，也许会发现父母并没有恶意，只是父母那一代所处的艰苦环境塑造了他们消极的心理模式，物质匮乏的成长经历让他们更看重外部目标，习惯用他主动机来控制子女，从而神经质一般地追求稳定。这并不完全是父母的错。

事实上，如果我们能够克服那些祸害，跟父母和解，把原来的关系发展得更好，相当于把更复杂的因素整合到一起，就会形成一种更高层次的关系。达到这种境界，要比"无祸害"的关系更了不起。

不过归根结底，这些选择的前提都是拥有自主联系型关系。自主联系型关系的好处在于，这种关系并不是绝对的，你不是要么独立，要么依存，而是还有其他选择的。进化让我们必须有爱才能活好，现代社会让我们有了自主的可能。我们有幸作为活在现代社会的人类，应该选择自主联系型关系，才能对得起自己。

积极小行动

时间的礼物

这是一种帮助你建设关系的方法。我们平时送人礼物，要么是买商品，要么直接发红包，这当然也是心意的表达方式，但是现在人们的物质生活水平都不错，缺的并不是某样东西，而是时间。

这种方法是让你拿出最珍贵的时间，将其作为礼物送给对方，也许是精心做一件手工品，也许是手写一封长信，也许是亲自下厨做一顿大餐,也许只是陪伴对方打打麻将、看场电影或出去旅游。相信我,它也会是你送给自己的一份礼物,因为你也会喜欢上自己为对方花的这段时间。

> **幸福重点**
>
> 1. 人际关系本身就是幸福的一部分。好的人际关系不仅会直接给你带来爱和温暖,也会给你提供强大的缓冲网络。
> 2. 最幸福的人是自主联系型自我,即自己决定跟谁连接、如何连接。自主和连接都是人类的基本心理需求,任何一种心理需求得不到满足,都会出问题。
> 3. 人和人之间的关系本来就不可能只有甜蜜,没有伤害。关键是对关系抱有一种成长型思维:它不是一成不变的,而是可以建设的。

12

心流：如何自主拥有心流体验

对"心流"这个词，你应该不会感到陌生，它是由美国心理学家米哈里·契克森米哈赖提出来的。它指的是这样一种状态：当你全神贯注于某一件事情时，会产生一种驾轻就熟的控制感，整个人沉醉其中而感觉不到时间流逝，你甚至都忘记了自己和世界的存在。

只要做自己喜欢又擅长的事情，无论是打球、下围棋、弹钢琴，还是工作，又或是做饭、跟人谈心，一个人都可以进入心流状态。进入心流状态后，人不仅做事效率高、进步快，自身还很享受，所以契克森米哈赖把心流称为"人类的最佳体验"。

此外，心流还会影响一个人的动机。你平时经历的心流感受越多，你的动机就越自主。

很多人都读过关于心流的文章，但是他们都忽略了这样一个问题：心流一定好吗？刷短视频、打游戏也能产生心流，这样的心流有什么意义呢？我想从更高的层面出发，带你认识心流真正的意义所在。

精神负熵

其实，关于心流的深层解读，契克森米哈赖在其经典的《心流》(Flow)一书中早已经提出了，但是大部分人都忽略了。他认为，心流其实是一种"精神负熵"。

"熵"指的是一个系统的混乱程度。比如，在冰的状态下，水分子会相对固定在一个位置附近振动，内部系统比较稳定，熵值比较低；当冰变成液态水后，水分子开始流动，熵值变大；当液态水变成水蒸气后，水分子四处乱窜，熵值就更大了。负熵跟熵相反，它能帮助降低系统的混乱程度，使其变得更有规律。

我们大脑里的念头也跟水分子一样，如万马奔腾。佛家有个比喻：一个人从外表看是在静坐，内心却如同瀑布一般喧闹——这时候这个人内心的熵值就非常高。但是，如果你进入了心流状态，那就不一样了。你所有的注意力都集中在当前的任务上，那些无关的念头——你对世界的意识、对自我的感知，更不用说对别人评价的患得患失、对物质得失的精心计算，仿佛都被屏蔽了。虽然你的大脑仍然在高速运转，但是所有念头都是有规律的、有秩序的，你不需要特意去控制这个过程，一切都在你的控制之中。

很多对心流的解读基本上只停在这个层面，而我推崇心流还有一个更重要的原因，那就是它能改造我们的大脑，让它变得更复杂、更强大。

这是为什么呢？除了表征系统的混乱程度，熵还有一个定义，那就是一个系统内不能做功的能量总数。也就是说，一个系统的熵值越小，其对外能做的功就越多。

通过降低内部的熵值来增加对外做功，最典型、最奇妙的例子就是生命。任何生物，无论是一棵树、一根草、一只蚂蚁，还是一个细菌，无非是由碳、氢、氧和其他原子组成的。这些原子本来散落在自然界，毫不相关，也没什么用，可一旦被组织成生物体，其熵值就要比这些原子原来的游荡状态低得多，这时就能对外做功。

由此可见，契克森米哈赖把心流比喻成负熵是多么贴切：一来，它降低了大脑的混乱程度；二来，它能提升大脑对外做功的能力。

浑浑噩噩的时候，你会把很多心理能量都浪费在内耗上，你看上去是在工作，但其实产出很低。但是当你进入心流状态后，你的心理能量就围绕同一个主题组织起来，向同一个方向高效输出，这时，你不仅感觉做起事来得心应手，往往还如有神助。从这个角度看，心流就是我们最奇妙的心理降熵过程，它就是大脑的生命。

生命天然地由简单升级为复杂，犹如一颗种子长为参天大树，心流也天然地有从简单升级为复杂的趋势。

一个孩子兴致勃勃地算数学题和一个科学家沉浸地思考物理问题，他们俩的心流体验可能是相似的。但是在旁观者看来，无疑是科学家的心流更宏大、更壮丽，因为它要复杂得多，能对外发挥更大的作用。

从简单到复杂，其中的关键是"心流通道"（图 2-3）。

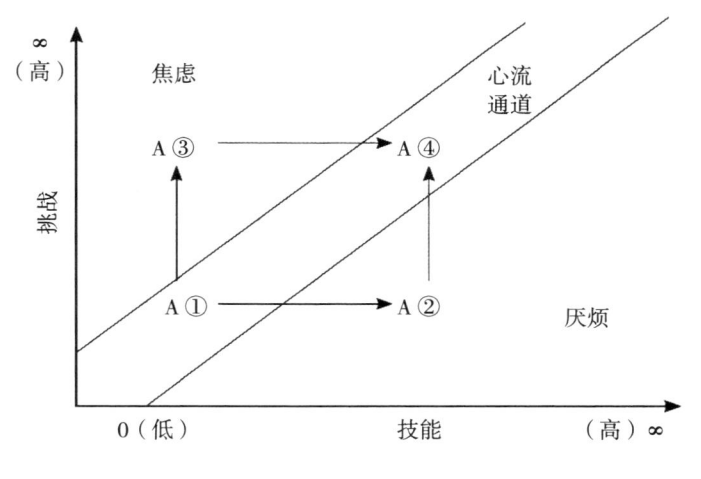

图 2-3

图 2-3 是契克森米哈赖画的，它的横坐标代表你做一件事情的技能，纵坐标代表这件事情（挑战）的难度：当难度远远高于你的技能的时候，你会感到焦虑，担心做不好；当你的技能远远高于事情的难度的时候，你又会觉得无聊，不想做。只有当你的技能和事情的难度基本匹配的时候，你才特别容易投入进去，产生心流。在心流状态中，你的技能会得到更大的提升，相应地，你就可以升级任务难度，由此就形成了技能由低向高的心流通道。

如果一个人很少体验到心流，就很容易陷入"要么躺平，要么内卷"的极端状态。但如果你经常能体验到心流，就会被内在动机吸引，你自然就会变得更加积极主动，进入心流通道的良性循环。

难度与技能相匹配

既然心流体验如此重要，那有没有方法能让我们主动构建心流呢？方法确实有，但需要满足 3 个条件：目标明确、反馈即时、难度和技能相匹配。

目标明确很好理解，只有任务有了明确的指向性，你才能把杂乱的心理能量组织起来，往一个方向使劲。

有即时的反馈，你就能一直掌握任务进行的状态，随时进行调整。否则，如果闷头做了很久，你都不知道自己做得是好是坏，你会很容易泄气。

难度和技能的匹配,就是前面讲的进入心流通道的条件。需要注意的是,这里的"匹配"并不是指技能和难度要完全一致,而是难度比技能高5%～10%的时候,人最容易产生心流。

在以上3个条件里,最难的当属把难度和技能相匹配。毕竟任务又不是我们自己挑的,大多数情况下都是由别人分配的,而且技能也不是我们想提高就能提高的。那要怎么实现呢?

如果任务太难,你可以把任务分解成一个个好上手的小环节。比如,起草项目计划书的任务很难,但如果把"写完计划书"这个大目标分解成"头脑风暴""列思维导图""用文字写下来"这些小环节,那每个小环节可能就没有那么难了,你也就更有可能专注于任务,从而产生心流。

反过来,如果任务太简单,你也可以适当增加难度。我曾经遇过一位"大厂"的管理人员,一问才知道,他是从会计岗位做起来的。大部分人觉得会计的工作单调重复,但他却做得得心应手,为什么呢?因为他会给自己加难度。一方面,他经常琢磨琐碎的工作里有什么样的规律,能够总结出方法论,比如哪些报销最常见,哪些最容易有漏洞,哪些名目可以合并起来;另一方面,他热心帮助他人,既做新员工的导师,还把自己的经验总结下来写成文档,培训其他同事。这样一来,他做得既开心,又能快速提升能力,职级自然也飞快地升了上去。

这种能够自己构建心流的能力，被称为"心流力"。

让心流不断升级

经常有家长跟我说："哎呀，心流力太强也不好，我家的孩子就是特别喜欢玩游戏时的心流，每天沉溺于游戏不可自拔！"这时候，我会告诉家长："不对，你家孩子不是心流力太强，而是心流力还不够强。"

心流力不仅在于你有多喜欢心流体验，会不会经常寻找体验心流的机会，更关键的是得持续创造更复杂的心流。

我们常说"曾经沧海难为水"，一个人在经历了比较高级的心流之后，对低级的心流就没有兴趣了。因此，心流力高的人，总在追求更复杂的心流。

我举个自己的例子。有一次我带儿子去打篮球，但是他跟我实力悬殊，两个人都没法体验心流，怎么办呢？我就跟他比赛投篮，但是他投中 1 个算 10 个，这样我们差不多势均力敌了。结果，比了一会儿之后，他的命中率比我高了 10%，于是我们把规则改为：他投中 1 个算 5 个。后来我们又玩了一会儿，改成了他投中 1 个算 4 个。最后我喊暂停，要休息一会儿，对他说："不打了，手机给你玩游戏吧！"谁知道他竟然说："我不要玩游戏，我要打篮球。"因为他从打篮球中感受到了比打游戏更高级的心流。

如果用复杂度来给心流分级，那么看电视、做无聊的作业等产生的心流都是低等心流，玩电子游戏跟它们比确实能带来更多的心流，但也只能算中等心流。而那些高质量、高挑战的活动，比如和高水平对手打球、写有深度的文章、编有难度的电脑程序、做前沿的科学研究，才能带来高等心流。现在的孩子生活中充满了大量低等心流，很少有高等心流的体验，自然容易对玩电子游戏趋之若鹜。

所以，对于青少年沉溺于游戏、玩手机上瘾这种问题，我的建议从来都不是"堵"，而是"疏"。家长要给他们提供在生活中创造比玩游戏、玩手机更有意思的活动。这当然不容易，需要投入时间，比如陪他们打球、爬山、逛动物园；还需要动脑筋，比如给他们设计挑战，组织他们跟其他孩子一起做的活动。这才是应对玩手机和游戏上瘾等问题的治本之道。

避免垃圾心流

有人可能会说："我在游戏中也在不断提高技能啊！这个游戏越玩越复杂呀！"

这是我特别想澄清的另一点：要避免"垃圾心流"。契克森米哈赖认为，并非所有心流都是好的。就像垃圾食物，吃的时候很爽，但是从长期来看，对健康不利。垃圾心流就是那些从长期来看对人不利的心流。

判断自己有没有碰到垃圾心流，有两个标准：第一，它有没有给你带来提升；第二，你体验完心流后会不会后悔，这也是更重要的标准。

假如你最近工作比较累，生活压力比较大，想打游戏放松一下，打完后觉得自己确实得到了排解，那就是好的心流。但是，如果你沉迷于游戏，每次玩的时候一边沉浸其中，一边有深深的罪恶感，甚至结束游戏后会后悔、自责，那就是垃圾心流了，应该尽量避免。

总的来说，心流能让我们既享受又高效地做事，还能改造我们的大脑，使其变得更有秩序、更复杂，是人类的最佳体验。要想主动拥有心流体验，可以通过调整任务难度来匹配技能、持续追求更高等级的心流，以及避免垃圾心流。

心流的最高境界是像孔子说的"从心所欲，不逾矩"，也就是说，既符合你的人生目标，又是高质量的心流，才是最好的心流。

积极小行动

主动构建一次心流体验

请你在工作或生活中，调整当前任务的难度，主动构建一次心流体验，并把你的体会分享给朋友或家人。

幸福重点

1. 心流本质上是一种精神负熵，一来能降低大脑的混乱程度，二来能提升大脑对外做功的能力。

2. 心流发生需要满足 3 个条件：目标明确、反馈即时、难度和技能相匹配。难度比技能高 5%～10% 的时候，人最容易产生心流。

3. 心流力强不仅在于追求心流，还要持续不断地追求更复杂、更高级的心流。

4. 判断自己有没有碰到垃圾心流，有两个标准：它有没有给你带来提升，你结束心流体验后会不会后悔。

13
价值观：如何面对不确定的时代

在这一章的最后一小部分，我想跟你讨论与自主相关的另外两个主题：价值观和人生意义。

价值观是什么？它可不是列举几个正确的"大词"那么简单。举个最简单的例子，经常有公司说自家的价值观是"质量第一、用户至上"，看起来很正确，对吧？可是我们都知道，对公司来说，赚钱也很重要。当产品质量、用户满意度和利润发生冲突的时候，公司如何选择、决策，才能体现它真正的价值观。

价值观的本质，是在冲突中做出选择。

价值观的本质是冲突中的选择

其实，心理学对价值观的理解也经历了一个变化的过程。

以前，心理学界最常用的是米尔顿·罗克奇（Milton Rokeach）的价值观体系。这是罗克奇在20世纪60年代提出的，他把人类各种各样的价值观总结成36种，并做了分类。

一种是工具型价值观，它们可以给我们带来更好的结果，比如有雄心、心胸开阔、能干、欢乐、注重清洁、勇敢、宽容，等等。还有一种是终极价值观，它们就是我们想要的目标，包括舒适、兴奋、成就、和平、美、平等、家庭安全、自由、幸福、内在和谐，等等。

心理学家会让你给这36种价值观打分，排得越靠前的，就是你越重视的。但这种做法有一个问题：经常有人给很多价值观都打高分，因为他们觉得它们都是自己追求的、渴望的。可是，假如你认为所有好东西都有价值，那就跟没有价值观差不多。

所以，现在的心理学界越来越多地使用以色列心理学家谢洛姆·施瓦茨（Shalom Schwartz）提出来的一套价值观体系。

施瓦茨列举了10种价值观，分别是自主、探索、享受、成就、资源、安全、服从、传统、仁善和超越（图2-4）。

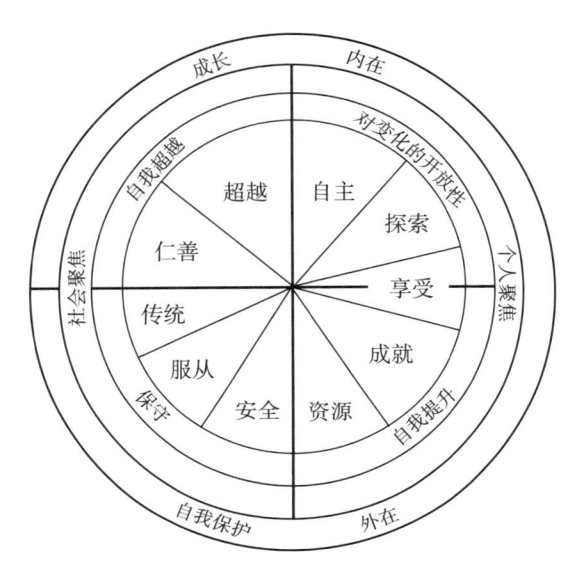

图 2-4　施瓦茨价值观地图

然后，他在外圈设置了几个针锋相对的维度，比如"你对变化是更开放还是保守？""你更重视内在成长还是外在成就？""你更看重与他人的关系，还是更看重自己的发展和感受？"这些问题会令你必须在这些价值观之间做出选择。

当然，这并不意味着你只能从这10种价值观里选5种，只是相对来说，如果你特别重视某一种价值观，就不太会看重它在圆圈对面的那种价值观。比如，如果你特别在乎传统、服从、安全，那你可能就不太会自主地探索；如果你最看重的是仁善、超越自我以及天下大同的价值观，那你可能就不太在意个人的成就、财富、社会地位等。

这才是价值观的本质。你没法面面俱到，必须得在一批都有价值的目标中选择你最珍爱的那个。

追求成长型价值观

那什么样的价值观才能导向更幸福的人生呢？

积极心理学的答案是，追求内在价值观的人比追求外在价值观的人更容易获得幸福。

在施瓦茨的价值观体系里，仁善、超越、自主、探索、享受这 5 种属于内在价值观，传统、服从、安全、资源这 4 种属于外在价值观，而成就介于二者之间。

到此，你可能想起前文一直强调的对比：内在价值观对应的是内在目标和学习型目标，而外在价值观对应的是外在目标和表现型目标；内在价值观对应的是自主动机，外在价值观对应的是他主动机。

内在价值观带来的大多是积极心理。当你追求它的时候，你会感到心满意足，就算没能实现目标，也不会感到可怕。外在价值观带来的大多是消极心理。一旦你追求不上，你会感到恐惧、痛苦，但达成目标后，你也不会多开心。最典型的就是服从这种价值观：当你不服从时，你很可能提心吊胆；但是反过来你也不会因为服从而变得心花怒放。难怪施瓦茨把内在价值观称为成长型价值观，把外在价值观称为保护型价值观。

自我决定理论的创始人之一——理查德·瑞恩（Richard Ryan）曾经调查过美国成年人和大学生，发现这两个不同年龄段的人群有一个共性：追求自我成长、人际连接、社会贡献这些内在目标的人，要比追求金钱、地位这些外在目标的人，更少产生焦虑、抑郁等消极情绪，前者的身体也更健康。

对此，可能有人会质疑：这会不会是因为这些研究都是在美国这种发达国家做的？按照马斯洛的需求层次理论，他们的整体需求已经上升到了成长、贡献这些自我实现层面，发展中国家会不会不一样？

其实，关于这个问题有大量跨文化研究，从秘鲁、俄罗斯到韩国、匈牙利，在这些非发达国家或非西方文化的国家里，研究者也观察到了同样的结果。另外，一项由中国和加拿大的科学家合作的研究，分别调查了中国和北美的 500 多名成年人，结果发现，两地追求内在目标的人都拥有更多的积极情绪，同时更少出现消极情绪，而且他们对自我的看法更积极。

这是为什么呢？你可能会想起前文提到的威廉·詹姆斯提出的公式：自尊 = 成功 / 目标。你越能掌控自己的目标，你的自尊就越高。

对于外在目标，比如你能挣多少钱、有多高的社会地位，这些在很大程度上都不是你自己能控制的。而内在目标就容易控制得多：你不能控制自己挣多少钱，但你能控制自己的努力；你不能控制别人对你有多尊重，但你能控制自己对别人的真诚和友善。如此一来，追求内在的成长型价值观自然就能让人对自己的看法更积极，自然也更幸福，而一味追求外在的保护型价值观则会让人更焦虑、更消极。

所以价值观的作用，其实就是在这个不确定的时代给自己确定性。有人形容现在的社会是"VUCA 时代"，VUCA 就是 volatile（迅速变化）、uncertain（不确定）、complex（复杂）和 ambiguous（模糊）这 4 个英文词的首字母拼在一起组成的。显然，高度的不确定性容易让人焦虑，因为我们总是担心未来没有预期的那么好。

那怎么办呢？答案就是用确定的价值观去面对这个不确定的时代，用古人的话说就是"尽人事以听天命"。尽了力，就可以了。至于最后的结果，本就不在我们的掌控之中，也就没什么可担心的，因为我们追求的是内在目标，而不是外在目标。

当然，这并不是说我们就不管外在的结果了。不妨这样思考一下：如果你重视自我成长、努力、坚持、对人友善、社会贡献这些内在目标，那你做事的结果怎么可能会差？可能短期内你没有那些急功近利、追求外在目标的人上升得快，但是从长期来看，一定是你走得更远。这也就是我在前面讲过的，自主动机从长期看比他主动机的驱动效果更好，而且能激发更多创造力。因此，成长型价值观其实更适合 21 世纪的需求。

更重要的是，积极心理学并不主张只要成长、不要保护，关键还是追求平衡和因场景制宜。

事实上，施瓦茨画的那幅价值观地图跟我一直用树做的比喻很像：他把所有保护型价值观画在了下面，就像树的根要深深扎入土地；而把所有成长型价值观画在了上面，就像树干，向上生长，开花结果。

所以在比较危险、遭到损失的时候，我们还是要先保护自我，就像树必须把自己的根扎牢扎深一样。但是，树生来是为了开花结果的，而不仅仅是为了扎根的，同理，人活着，最终是为了追求那些成长型价值观的，这样我们才会觉得人间值得。

比如，我的价值观里最重要的是家庭，那么我需要先保证家人有一定的人身安全、经济安全，为此必须努力工作养家。但是，金钱本身并不在我的价值观里，所以，只要家人过得不错就可以了，我并不会鼓励自己的孩子追求金钱，而更希望他们能把精力放在其他成长型价值观上。

有调查显示，人们普遍追求的首要价值观是安全，排名第二的是仁善。也就是说，人类共通的天性其实是，在保护好自己之后，希望对他人做出贡献。

其实在现代社会，只要你不想着去攀比，那么经济安全、人身安全并没有那么难获得。很多时候，我们是被铺天盖地的关于名人、富人的信息误导了，以为一定要达到他们的水平才算及格。

但是，如果你减少一些对外在目标的追求，把目光更多地放在现实生活中，你就会发现，人生的安全线可以不用划得那么高，你也能用确定的价值观去面对这个不确定的时代。

总结一下，价值观不仅在于我们认为什么东西有价值，更在于我们认为什么东西更有价值。我们应该在确保自身安全的前提下，尽量选择追求成长型价值观，这会缓解我们的焦虑、抑郁情绪，让我们拥有更高的自尊和更健康的身体，而且从长期看，这种追求带来的结果也更好。

积极小行动

沉船练习

给你推荐一个能帮助你探索价值观的方法，叫"沉船练习"。

想象你把人生中所有重要的东西都带到一艘船上，可是这艘船忽然漏水了，你必须把某些东西先扔下去，否则船会沉。那你依次会扔掉什么呢？

你可能先把一般的物品扔掉，比如家具、车子，乃至房子；然后是一些有情感价值的东西，比如读过的书，上面写了很多笔记，还有孩子的相册，里面凝聚了很多美好的回忆；接着，可能你喜欢的工作也不要了。再往后呢？

友谊？健康？名誉？品格？最后呢？家人？甚至对于家庭成员，你会先放弃谁？

显然，这是一个非常艰难的练习。有人做着做着可能都会哭出来，因为想象自己必须割舍那些珍爱的对象，确实非常令人难过。而这，就是你对自己人生中究竟什么东西最重要的一次深入探索。

不过，我推荐你做的"沉船练习"没有这么沉重，你可以聚焦在施瓦茨提出的 10 种价值观上。对于仁善、超越、自主、探索、享受、成就、资源、安全、服从、传统这些价值观，如果你现在必须依次舍弃，会是什么顺序？

幸福重点

1. 价值观的本质，是在冲突中做出选择。
2. 积极心理学认为，追求内在价值观的人比追求外在价值观的人更容易感到幸福。
3. 价值观的作用就是在这个不确定的时代给自己确定性。

14 价值整合：什么是你最重要的东西

前文我给你讲解了价值观的本质和价值，也推荐了一个挖掘自己价值观的方法——沉船练习。不过，很多人可能还是难以判断，究竟什么对自己最重要。接下来，我会进一步给你解释如何探索、梳理自己的价值观。

情感用事、理性思考

首先，请你思考一个问题：人的价值观是由感性决定的，还是由理性决定的？

在你得出答案之前，不妨先来看一个真实版的"沉船练习"的故事。北宋末年，金兵入侵，李清照和她的丈夫赵明诚坐船南逃，途中宋高宗突然征召赵明诚到另一个地方去，赵明诚只好跟全家人分开。在他离开的时候，李清照站在船上，忽然产生了一种不好的预感，就大声问已经上岸的赵明诚："如传闻城中缓急，奈何？"翻译过来就是"如果事态紧急，我该怎么办"。

赵明诚在岸上大喊："先弃辎重，次衣被，次书册卷轴，次古器，独所谓宗器者，可自负抱，与身俱存亡，勿忘之。"意思是先把物品扔掉，然后是他们多年来收集的书籍、古董，但是对于宗族世代相传的祭祀礼器，死也不能丢弃。

你有没有发现，赵明诚的这个价值排序其实非常不理性。在平时，书籍、古董很值钱，但在战乱时期，辎重衣被更重要。至于宗器，他们连老祖宗的坟墓、老家的祠堂都不要了，抱着宗器还有什么意义呢？

这就说明，价值观在很大程度上是由情感决定的，而不是像我们一般认为的，是理性思考的结果。

为什么会这样？前文讲到过，我们的决策主要是靠情感驱动的，而不是理性。关键在于一个叫眼窝前额皮层（眶额皮层）的脑区，它位于眼窝后上方，是前额叶的一部分。

前额叶是理性思考和执行的关键区域，眼窝前额皮层会在我们对事情进行评估衡量时被激活。不过脑科学还发现，它在我们有情绪反应时也会被激活。这是因为，人类在评估事情时靠的正是自身对这件事情的感受。

乔纳森·海特曾经打过一个比方：理性不是感性的法官，而是感性的律师。并不是感性先有了感受，理性来判断它对不对，而是理性来为感性背书，证明这种感受是对的。

海特在这方面做过一系列研究。他虚构了几个令人感到难过却并没有真的伤害到谁的场景，然后问被试这种做法对不对。比如，一个人在亲人临终前答应对方自己会去祭拜，后来却因为种种原因没能做到。被试当然都回答这种做法不对。海特继续问："为什么？"被试开始编五花八门的理由。其实没有人真的受到伤害，但是人们在情感上很厌恶这种事情，于是理性就开始为情感找各种理由。

为了验证这一点，海特还设计了一个精巧的实验，让被试在一间充满臭气的屋子里对各种行为进行打分。结果发现，对于主要靠理性计算的话题，比如政府政策的调整，被试的看法没有改变；但是对于那些可能会引起厌恶的话题，比如近亲结婚，被试的看法就变得比原来更偏负面了。

这其实是臭气让人产生了厌恶的生理反应，但是被试误以为这种生理反应是由于自己对那些话题产生了负面情感反应。他们的理性一看：我的情感这么讨厌这件事，那我得拼命给它打低分！

"三观不合"指的是我们跟某些人价值观差异太大，但这往往并不在于对方是个坏人，只在于他们跟我们有不一样的情感偏好。

那么，理性是不是完全不用插手价值观，任由情感决定就够了呢？当然不是。

很多情感偏好是在我们小时候形成的，虽然长大之后情境已经改变了，但价值观不会相应地做出理性的改变。

密歇根大学的罗纳德·英格哈特（Ronald Inglehart）教授曾观察到一种现象：价值观转型的速度比社会转型的速度要慢得多。比如，在传统社会里，女性离婚会遭受各种压力和歧视。而随着社会转型，现代社会对离婚女性在各方面的支持都已经提高很多了，不过，很多女性宁可继续忍受家暴和渣男，仍然选择不离婚，就是因为她们从小被培养出了对离婚深深的恐惧和厌恶情感。

因此，如果你对自己的价值观感到迷惑且认为它们互相冲突，我建议你用理性来梳理。因为你当前的某些价值观很可能并不符合你的根本利益，你只是被自己的情感牵绊住了。

今天，男女平等早已是常识，但有些人仍然隐隐约约抱有一些男尊女卑的价值观，会固守一些落后的文化习俗，比如认为女性不能上桌吃饭。从施瓦茨的价值观体系来看，这些人可能从小生长在比较传统的家庭中，更看重传统、服从、安全等价值观。但是这种价值观显然已经不适合当下了，因此需要用理性分析目前的处境，建立新的价值观。

重新梳理价值观

那想要建立新的价值观，具体该怎么做呢？一共分3步。

第一步，觉察自己的情感。

比如，我的一种价值观是看重名誉，特别重视别人对我的评价。后来我觉察到，它来自我对别人说我坏话的恐惧，因为我从小一直被父母告诫"一定不能让别人说你坏话"。这样的恐惧情感在传统社会里其实很有用，因为以前人们的人际关系往往少且紧密，总共就几个亲戚邻居，只要有人说我坏话，就可能对我造成重大伤害。

第二步，理性分析：这样的情感现在对自己是否仍然有利？

现代社会跟传统社会正相反，人际关系往往多而疏松。一来，朋友圈、同事圈要比过去大很多，想要让所有人都说我的好话，那我很可能得十分委屈自己；而且，难免有些人就是比较自私、狭隘、苛刻，因此我要保护自己的利益，就得敢于得罪人。二来，很多人际关系是疏松的，彼此的交往并不深厚，也不频繁，就算有一两个人说我坏话，也不会传播得满城风雨，让我瞬间"社会性死亡"。

这么一分析之后，我意识到，要是自己仍然那么害怕别人的负面评价，就是弊大于利了。

第三步，改变情感。

要改变情感，仅仅靠想通了是不够的。我在前面一直强调，改变的根本动力是情感。因此，还得"靠魔法打败魔法，用情感战胜情感"。怎么做呢？

我通常会想象：假如我为了不让别人说自己坏话，会付出什么样的代价？比如，同事要我周末加班帮他完成工作，如果我拒绝他的话，他很可能会说我坏话。但是周末我本打算带孩子出去玩儿，当我把令孩子失望和被同事说坏话放在情感天平上比较后，那我肯定认为孩子更重要，我就可以果断地拒绝同事了。

这其实也是因为，在我的价值观排序里，家庭排在声誉之前。但是，如果我没有有意激发起自己对家庭的情感，可能就会因为担心声誉受损，而做出违心的决定。所以，我们要经常提醒自己，究竟什么对自己才是最重要的，不要舍本逐末。

事上磨炼

完成以上 3 步之后，你就能成功地拥有新的价值观了吗？还不够，最关键的一环是：行动。借用古人的话说就是"事上磨炼"，也就是通过做事把你的价值观磨炼得更强大、更自洽、更自主。

孔子说过"古之学者为己，今之学者为人"，你的价值观也应该如此，它是为你服务的，而不是为了讨好别人。

这里面的关键又是情感。前文主要强调了情感能给行动提供动力，反过来，行动能增强和提炼情感。有 3 条途径可以帮你磨炼价值观。

第一，你可以通过发起跟世界的互动，来探索自己内心的情感变化。

如果一件事成功了，你并没有感觉很开心，但是如果它失败了，你会很痛苦，那这可能就是一种被外界控制的价值观。反过来，如果一件事情做成了会令你很开心，失败了却不会让你痛不欲生，你只是有一些失望，那这很可能就是一种源于你内心需求的价值观，你应该好好珍惜并培养它。

不仅如此，你还可以通过做事，观察到自己内心真正的深层情感。

我曾经获得了一次去东南亚出差的机会。一开始我很高兴，因为我本身很喜欢旅行，而有了孩子后很少有独自旅游的机会，加上东南亚又是我从来没去过的地方，所以我兴奋地做了很多计划。但是真到出行的时候，我发现不太对劲儿，无论走到哪里，我心里的第一反应都是"面对如此美景，要是妻子在身边就好了"或"这么好玩的地方，孩子肯定特别喜欢"。

旅行在我心中的情感排序已经远远低于家庭了。其实，家庭在很早以前就排到我价值观的第一位了，但是通过这次旅行，我才明确觉察到自己内心情感和价值排序的变化。

第二，对那些你早已确认要珍惜的价值观，你可以多做一些事情，反哺和壮大自己内心想要培植的情感。比如，假如善良是你认为至关重要的一种价值观，那你就可以多做些"随手助人"的练习；假如关爱家人是你认为至关重要的一种价值观，那你就可以送一个"时间的礼物"给他们。

总之，每当你做符合自己价值观的事情时，就是对大脑模型的一次强化训练，让大脑更加确定你就是这样一个人。这样，在下次遇到选择时，大脑会预测你将往那个方向行动，反过来也就强化了你的价值观。

第三，做事做得多了，总会遇到挫折，它会"倒逼"你的价值观体系成长。

经过前面的学习，你现在肯定有了成长型思维，知道挫折不是失败，反而是提升自己的机会。这种提升不仅体现在你的能力上，也体现在你的情感和价值观体系上。它会"倒逼"你思考：为什么我当初会做那样的决策？这背后被什么样的情感动机驱动？我有哪些情感容易被人操控？我容易被哪些情感误导？我有没有过于害怕某些事情，或过于想要某些东西？从情感到理性都梳理一遍，你就可以找出自己信念体系里的 bug。

回国后，我在推广积极心理学的过程中，遇到了很多挫折。被"打脸"打多了，我才意识到自己的 ego（自我）太大，不够谦卑，总觉得自己应该做得比别人好。虽然这一系列挫折引发我产生了非常痛苦的情绪，但同时也"倒逼"我检查了自己的价值观系统，然后，我把人生目标从"证明我有多了不起"调整为"我可以怎样帮到别人"。

这么一转换之后，我在做事过程中的情感由焦虑、担心别人对我作出负面评价，变成了坦然做事，能够帮别人一点是一点，帮不到我也尽力了。这就是上一篇所说的，用确定的价值观来面对不确定的时代。

总之，价值观是事上反复磨炼、多次迭代出来的，而不会像在温室里一帆风顺地开放的花朵。

积极小行动

做一件符合价值观的事情

请想一想，你有哪些已经确认了的想要珍惜、培养的价值观，然后，选一件符合它的事情去实践，以反哺、壮大自己内心想要培植的情感。在实践的过程中，你要关注自己内心的感受。

幸福重点

1. 价值观在很大程度上是由情感决定的，而不是理性思考的结果。但是，我们也要主动用理性梳理价值观。
2. 对价值观的梳理分 3 步：觉察自己的情感；理性分析，即这样的情感对自己是否有利；想办法用情感战胜情感。
3. 磨炼价值观的 3 条途径：发起跟世界的互动，探索自己的情感变化；主动行动，反哺自己珍视的价值观；用挫折"倒逼"价值观成长。

15 意义感：如何找到人生的意义

在这一章的最后，我希望用一个主题把前面的内容串起来。思前想后，我选择了"人生意义"这个有些宏大却十分重要的主题。当然，我不能保证你从此就能找到人生的意义，但仍然希望这一篇内容能让你找到人生的意义的线索。

人生没有意义，但人有意义感

人生的意义是什么？可以说这是心理学最难回答的问题之一了。如果纯理性分析的话，我们很容易得出一个结论：人生没有意义。我们只不过是基因传递自身的工具：父母在基因的驱使下生下我们，而我们这套由基因组装的肉体也终将消失，所有记忆、想法、情感都会灰飞烟灭，只留下子孙后代带着那一套基因存续在这个世界上。

虽然人生没有意义，但人生来就有意义感，也就是对于这一生到底是为什么而活、有什么价值、要做什么以及实现什么样的目标等问题，每个人都有自己的感觉和评估。

为什么会这样？这种意义感其实是大脑预测编码模型的一个必然结果。预测模型的本质是总结规律，从而指导未来的生活。但是该模型有一个副作用，那就是对于没有规律的事物强行找出一些规律，尤其是在面对很多我们还无法理解的复杂事物时。比如，古人把打雷下雨解释成是雷公雨师在作法，把一个人突然生病去世解释成有妖怪作祟。

现在，我们虽然已经弄清楚了打雷下雨和很多疾病的原因，但复杂的人生仍然让我们感到神秘莫测。然而，人生如此重要，如果大脑不能为它建立一套模型，我们只能茫然地处理生活中的一件件琐事，这将会产生巨大的能耗。这也是人在找不到人生的意义时，会感到烦躁不安的根本原因。

大量心理学研究表明，只要你觉得自己的人生有意义，无论这种意义是什么，你都会比别人幸福。因为，一件东西本身是否存在并不重要，只要你的大脑里有关于它的模型，那么它就能对你产生真实的影响。

意义感来自连接

现代科学虽然回答不了"人生的意义是什么"这个问题，但是很多研究可以告诉我们，人生的意义感从何而来。

简单地说，意义感来自连接。跟其他事物没有连接的东西是没有意义的，比如，一个神经元本身再强大，如果它和其他神经元之间没有连接，那它的存在就没有意义。人生的意义也是如此，你能够把自己的人生跟越多的东西产生越深的连接，你就越能感到人生有意义。

美国心理学家迈克·施泰格（Michael Steger）提出过一个理论，他认为人生的意义由 3 个要素组成：理解人生到底是怎么回事、找到人生的目标，以及衡量人生的价值。施泰格认为，只有这 3 个要素都具备了，一个人才会感到人生有意义。

这个理论让我恍然大悟：为什么我以前花了那么多时间去思考人生的意义是什么，却始终找不到答案；因为我过去探索人生的意义时，常常只关注理解、目标、价值这 3 项中的某两项，甚至某一项——不完整的答案当然无法得到充分的意义感。

再举几个例子。小 A 过着循规蹈矩的现实生活，知道自己的人生应该怎么过，也觉得生活有价值，却不理解为什么自己的人生会这样——他会感到困惑。

小 B 觉得自己看透了一切，认为人生没有意义，只有当下的享受是真的——他具备理解和价值这两个要素，但是缺乏目标，因此他会陷入虚无。

小 C 知道人生有崇高的目标、伟大的意义，却不喜欢它，觉得这样的人生没有价值——他会感觉疏离，有一种强烈的"被安排"的感觉。

所以，如果你需要产生意义感，就可以从理解、目标和价值这 3 个方面入手，看看可以和哪些事物产生连接。这些事物既可以是你的亲人、家乡、事业，也可以是你的记忆、思考、情感等。想一想，它们是怎样帮助你更好地理解人生并告诉你人生该如何度过的，又是如何让你觉得人生值得的。

连接中最重要的是情感

在各种连接中，最重要的其实是情感。因为在价值、目标和理解这 3 个维度里，衡量价值的是情感偏好，提供目标的是情感动力，而你对一个事物的理解会受到情感的巨大影响。

比如，我在美国的时候认识了很多所谓的"文化基督徒"，虽然他们并不相信基督教在神学上的论述，却会按照基督教宣扬的人生教诲生活，并且认为人生的意义就在于此。

我最初会跟他们辩论，尝试找出他们信念中的逻辑漏洞。后来我忽然意识到，其实我自己也是如此。我出生在一个比较传统的中国家庭，从小耳濡目染，接受了家庭优先、与人为善、重视教育这些儒家价值观，并且形成了深深的情感基础。长大之后，我发现传统文化存在一些问题，比如过度在意他人的看法，不注重个体个性。我还接触了与中国传统文化几乎完全相反的安·兰德哲学，它鼓吹个人英雄主义，认为自私是美德。虽然从理论上出发，这套哲学能够自圆其说，但是我能感受到自己内心情感的强烈抗拒。我的内心一度非常矛盾。

最终，积极心理学帮我解决了这个问题。人生如此复杂，对其解释自然会多种多样，各种解释都有其自洽的一面，也都有漏洞。你最后选择相信、遵从哪一种解释，其实往往不是靠逻辑推导出来的，而是被情感偏好引导的。没有情感作为价值衡量的标尺和追求目标的动力，纯粹"想"出来的人生意义只会是"纸糊"的虚假意义，根本不能支撑你过好这一生。

现在，你可以问自己以下3个问题，梳理一下自己的情感。

第一，哪些对人生的解释会让你感到崇高、有价值感，而哪些让你感到厌恶、虚无？

第二，你追求哪些目标时感到充实、兴奋，而哪些目标又让你感到无奈、抗拒？

第三，哪些事情让你特别享受、喜欢，而哪些又让你感到疲倦、厌恶？

我在梳理了跟自己的人生相关的情感之后发现：最重要的还是对家人的爱和责任感。此外，我特别喜欢读书和写作。而学习知识、整合知识之后再创造新知识，这个过程最能让我产生心流。我还希望能对别人做出贡献，这是我从小被传统价值观教育出来的道德情感。

这三者合起来，就类似于"修身齐家治国平天下"的价值观。现代人不用像古代士大夫那样"治国平天下"，只要对社会有贡献就好。所以，我的人生的意义其实就是发挥自己好学和创造的优势，让家人生活得幸福，为社会做出贡献。

中国式人生的意义

你会发现，以上这种人生意义显然是比较中国式的，因为它是以我的中国式情感为基础、经过理性梳理形成的。这跟很多宗教、哲学提供的人生的意义相比，好像不够宏大、不够完美，甚至有点琐碎。但是，我觉得中国人的这种意义模型更适合现代社会。为什么呢？

首先，中国式人生的意义更扎根于现实生活。

按照李泽厚先生的说法，西方文化的传统是"两个世界"：我们生活在一个物质的、庸俗的、杂乱的、有缺陷的世界，而另有一个精神的、高尚的、纯粹的、完美的世界——前一个世界是后一个世界的衍生物或投影。人生的意义就是不断靠近那个彼岸世界，把自己打造得越来越完美、越来越纯粹。

这种"两个世界"的划分让西方文化发展出了追求终极真理的科学精神。但问题是，科学越发展，我们就越清晰地发现，那个完美且纯粹的精神世界是不存在的，这就造成了很多人精神世界的崩塌，就像尼采说的"上帝死了"。有的人走向虚无主义或享乐主义，有的人则陷入各种心理疾病之中。

与之相反，中国文化的传统是"天人合一"，也就是"一个世界"。虽然民间文化中有一些神仙鬼怪传说，但主流文化始终把关注点放在我们生活的现实世界。最典型的就是孔子所说的"未知生，焉知死"：眼前的现实世界还没有活好，琢磨那个虚无缥缈的未知世界干什么？所以中国人一直强调要从眼前的现实世界寻找意义。

把人生跟无比宏大、高尚、永恒的彼岸世界连接起来，确实会让人生的意义看起来更加"高大上"，但过于精美的理念往往是脆弱的，一旦被打破，一地残渣反而更难收拾。而中国人的这种意义观看上去比较质朴，甚至笨拙，却更加扎实，因为它扎根于现实世界，所以不容易破灭。

其次，中国式人生的意义综合了多种元素，包括家庭、事业、帮助别人……虽然显得有些烦琐，不像那些简洁明了的意义，只为一个对象献身，直截了当，能减少认知负荷，但在我看来，这恰恰是中国式人生的意义的了不起之处。

"心流之父"契克森米哈赖认为，所有心流中最了不起的是把整个人生都活成一场心流，他称之为 Universal Flow，即"大心流"。它"大"在哪里呢？"大"在复杂度上。

你的人生是你这辈子所有活动的总和，是你能经历的最复杂的事情，而人生的意义就是把这些看上去纷乱复杂、毫无头绪的活动串成一个有意义的故事。用契克森米哈赖的话说："创造意义就是把自己的行动整合成一个心流体验，由此建立心灵的秩序。"

由此，你能整合的活动越多，形成的意义越复杂，这种意义就越高级。从多灾多难的人生中活出意义，比从一帆风顺的生活中活出意义更高级。在看似平淡的日常生活中，把人生的点滴情感整合成一场终极大心流，这是最高级的心流力的体现。

最后，中国式人生的意义更容易实现。因为意义就来自真实的生活，只要你专注于当前的生活，每时每刻都可以收获意义感。

比如，陪伴孩子成长是我的一个重要的人生意义。它不是手段，而是我本来就要实现的一个目标。因此，我不会为孩子们好像不够聪明、学习不够好而感到焦虑，也不会因为他们贪玩而感到烦躁，我会安安心心地停留在这一刻，享受跟他们在一起的时光。因为我知道，在这个时候，我的生命是有意义的。

从这个角度出发，我们可以重新理解"活在当下"的含义。

一般来说,"活在当下"是指你只关注当下这个时刻,因为未来是想象出来的,过去的记忆则会受到情感的影响而扭曲,只有当下是真实的。关注当下才能生活在真实之中,获得内心的平静和觉察。

这当然是很了不起的洞见。不过,如果从人生意义的角度看,你会有更高层次的理解。活在当下,是因为当下才是最好的意义感的来源。人生意义不是一个名词,而是一个动词。正是你每时每刻的自主行动,让你每时每刻都生活在意义感之中。

积极小行动

理想悼词

想一想,当你的人生走到尽头时,你希望自己的悼词是什么样的?比如,别人会纪念你做过哪些事情,你有哪些品格优势,你给这个世界留下了什么……

你可以写下自己最希望看到的悼词,并且想一想,它映射出你什么样的情感。在这些情感里,也许蕴藏着你人生意义感的来源。

幸福重点

1. 人生没有意义，但人天生有意义感，这是大脑预测模型的必然结果。
2. 意义来自连接，连接中最重要的是情感。你能够把人生跟越多的东西产生越深的连接，你就越会感到人生有意义。
3. 中国文化的传统是天人合一，中国式人生的意义在现世，它综合了多种元素，更容易实现。

第三章

不较劲也能解决问题

01

焦虑：太过焦虑耽误事，怎么办

前面介绍了很多理论，但你看完后，心里可能会犯嘀咕：学了这么多理论，真的能对我的生活有帮助吗？当然能了。这一章，我挑选了 10 个日常生活中常见的问题，为你支支招。

今天，每个人多多少少都会碰到焦虑的问题。比如，你收到这样一封邮件：领导给你布置了一项重要且十分紧迫的任务——让你明天在全部门的会议上发言。再如，你即将考研、考公，却总觉得自己还没复习好，不仅白天感觉"压力山大"，手心出汗，心跳加速，大脑宕机，晚上还睡不好觉。这时候，焦虑就找上你了。

简单方法和原理

面对焦虑，该怎么办呢？你可以用一个简单且很有效的方法来调节，那就是大声说："我兴奋了！我兴奋了！！我兴奋了！！！"说完后，再做一些挥拳、跳跃的动作，好像你即将上场打一场重要的比赛，甚至要上阵杀敌。

这样一来，你的大脑会把你当下的状态判断为兴奋，而不是焦虑，从而把眼下的问题看成机会，进入处理问题模式。你就不太容易受到情绪的困扰，能够集中精力应对问题本身，从而表现得更好。

为什么这种方法有效？难道它不是自欺欺人吗？

其实，这种方法是基于心理学中的"情绪建构理论"。这个理论认为，人类的情绪是由主观建构的，而不是由客观刺激决定的。

这个理论最早可以追溯到哥伦比亚大学的斯坦利·沙克特（Stanley Schacter）和宾夕法尼亚州立大学的杰罗姆·辛格（Jerome Singer）在 1962 年做的一个著名实验。

他们招募了 100 多名被试，并告诉他们，这个实验是要评估一种新型维生素对视力的影响。实际上，这些被试被随机分为 3 组：第一组被注射的是生理盐水，这对人没有影响；第二组被注射了肾上腺素，这会让人产生强烈的生理反应，比如心跳加快、血压升高，研究者提前告知了这些被试，这种维生素会引发一些生理反应；第三组被注射的也是肾上腺素，但是研究者特意跟他们强调，这种维生素不会引起太大的生理反应。

然后，被试被随机分配到两个不同的场景中。第一个场景让被试感到轻松愉快，比如玩小游戏。第二个场景则让被试感到愤怒，有人会问他们一些侮辱性的问题，比如"你们家谁几乎不洗澡"，最后一个问题是"你妈妈有过几次婚外情"。

那么，这些被试都被激发起同样的情绪了吗？

并没有。那些被提前告知"会产生强烈的生理反应"的被试，他们的大脑早就做出了相应的预测，等他们心跳加快、血压升高时，大脑根本没当回事，自然没有太大的情绪反应。

而那些被特意告知"不会引起太大的生理反应"的被试，当心跳加快、血压升高的身体信号涌入他们的大脑时，他们的大脑"吃了一惊"，因为这些身体信号不符合它的预测。再结合外在场景，他们的大脑就得出了以下结论：这个场景一定让我特别开心或特别冒犯我，我才感到格外愉快或愤怒。

这个实验说明，并不是环境给到什么刺激，就一定能激发什么样的情绪，而是跟大脑的预测有关。这就是情绪建构理论，用美国东北大学心理学系的丽莎·巴雷特（Lisa Barrett）教授的话说就是："情绪不是对世界的反应。你不是感觉输入的消极接收者，而是情绪的积极建构者。"

具体做法

因此，遇到同一件事情，如果你的大脑给出不同的情绪预测，你就会产生不同的情绪反应。

回到焦虑情绪上来。感到焦虑时，你告诉自己这不是焦虑，而是兴奋，这种方法本身是有实证研究支持的心理学"黑科技"，它是由哈佛大学商学院的艾丽森·布鲁克斯（Alison Brooks）教授提出来的。

布鲁克斯在沃顿商学院读博士期间做过一个实验，让一群大学生唱卡拉OK，然后根据卡拉OK机器打分的高低给他们相应的报酬。可想而知，这些学生都有些紧张。

布鲁克斯把他们随机分为3组：第一组在唱歌前说"我很焦虑"；第二组说"我很兴奋"；第三组什么都不说。结果发现，机器给第一组打的平均分是53分，给第二组打的平均分是80分，而第三组平均得了69分，介于前两组之间。不仅如此，布鲁克斯让他们随后评价了自己唱得怎么样，第二组的自评分也远远高于第一组和第三组。

也就是说，如果你把情绪诠释为兴奋，你的表现就会变好，自我感觉也会更好；如果诠释为焦虑，你的表现就会变差，还会担惊受怕。

所以，前面介绍的应对焦虑的方法确实是"自欺欺人"——

你骗过的是自己的大脑。

方法的限度

不过，虽然这种情绪转换魔法很神奇，却有一个重大限制，那就是只能在身体反应相似的情绪之间进行转换。

这也是布鲁克斯教授所做研究的一部分。她让一群大学生做智商测试题，并且根据他们的测试结果给予其报酬。当然，这同样让他们很紧张。

大学生仍然被随机分为3组：第一组收到的指令是"平静下来"；第二组的指令是"兴奋起来"；第三组就是中立客观的话。同时，这些大学生的手指上还夹了一个无线血氧仪，用来测心率。

测试结果仍然不出所料：第二组的平均得分是3.60分，而第一组和第三组都只有2.94分。但心率结果出人意料：3组的心率变化几乎没有区别，都是在测试开始后上升，结束时下降。也就是说，不管是"平静"还是"兴奋"，3组学生都会出现焦虑反应。

布鲁克斯做了这样一个总结：我们在安慰焦虑的人时，不要再用"别紧张，平静下来"这种话了，因为没有用，就算对方的理性听进去了，身体也听不进去。

归根结底，正如我在前面讲过的，情绪是进化出来的，所以它有一定的先天基因编码成分，并不能在后天完全随心所欲地构建。因此，只有相似的情境才会唤起相似的身体信号，对应的情绪才能转换。

比如焦虑和兴奋引发的身体反应很像，只不过焦虑是你主观上觉得自己会搞砸一件事，而兴奋是你主观上觉得自己会把这件事做成功。因此，主观上把焦虑转换成兴奋是可行的，就是让你别再思前想后，而是集中精力解决问题。

但如果是相差比较大的情绪，比如焦虑和平静，就不能相互转换了。平静和焦虑的身体反应相差太大了，再怎么建构情绪，大脑也不会傻到相信手心出汗、心跳加速的状态是平静的。

进阶版：改变对情绪的看法

不过，就算碰到一些不能转换的情绪，你还可以使用这种方法的进阶版，那就是让大脑改变对情绪后果的预测。换句话说，情绪对你的影响也是可以建构出来的。

继续以焦虑举例。斯坦福大学心理学系的詹姆斯·格罗斯（James Gross）教授的团队做过一个实验。被测大一新生在第一次考试的前一天，收到了实验团队发来的一封邮件。一半的学生收到的内容是："明天就要考试了，我们知道考试会带给你压力，所以想提醒你注意以下细节……"另一半学生收到的是："明天就要考试了，我们知道考试会带给你压力，可是别担心，焦虑情绪一般不会妨碍你的考试成绩，甚至还有所帮助。请你在考试中提醒自己，焦虑情绪会帮助你考得更好。"

就是这么一封简单的邮件，其产生的效果在大一新生里却很惊人。那些收到"焦虑情绪会帮助你考得更好"的内容的大一新生，其成绩比另一半高出 0.32 个标准差，也就是在人群中前进了 12%。这封邮件的效果甚至持续了一个学期：他们在后续的考试中也考得更好，最终成绩比另一半大一新生高出了 0.29 个标准差。

这又是什么"黑科技"？其实，在大脑预测编码理论看来，这些结果都在预料之中。此前，学生普遍的观念都是"焦虑会让我考不好"。当大脑感到焦虑时，学生们就会花费大量资源来应对焦虑，比如抑制自己的焦虑情绪，努力使自己平静。但是，那封写有"焦虑情绪会帮助你考得更好"内容的邮件改变了这些学生大脑里的模型，使他们的大脑在检测到焦虑情绪后反而受到鼓舞，因此把更多的资源集中在对考试的准备上了。

这也是为什么前面我要花那么大的篇幅来介绍情绪的功能、积极心理和消极心理的辩证关系，以及帮你理顺情绪、理性和情感之间的关系。这些都是为了让你认识到，所有的情绪，无论让你感觉好还是坏，其本意都是来帮助你的。当你改变对这些情绪的看法之后，它们就可以从伤害你变成帮助你，从你的烦恼变成你的好朋友。

大脑的预测编码理论能帮我们对焦虑情绪建立起两道防线：

第一道防线是通过把身体反应解释成不同的情绪,实现情绪的转换,比如把焦虑转换成兴奋;第二道防线是让我们改变对情绪后果的看法,进而转换情绪带来的影响。

积极小行动

实践应对焦虑的方法

如果你最近因为某件事情感到焦虑,不妨体验一下你现在的身体感受。不要给这些感受贴上任何"压力"或"焦虑"的标签,只是去感觉,你会注意到自己心跳加快、呼吸急促、手心出汗、浑身肌肉收紧,甚至胃部有些紧缩的感觉。

注意到这些身体信号之后,请你告诉自己"我兴奋了",你甚至可以摩拳擦掌、挥拳跳跃,大喊"我兴奋了"。

这时,你再体验一次身体状态。你可能仍然跟刚才一样,感到心跳加快、呼吸急促、肌肉收紧。但是此时,你要给它贴上"我就是兴奋了"的标签。这样一来,以后再出现这些身体状态时,你的大脑就更有可能预测你是兴奋了,而不是焦虑了。

如果你最近并没有特别焦虑,但有其他消极情绪也无妨,无论是消沉、沮丧,还是愤怒、心有不甘,你都可以试一下这种方法：回想一下前文关于情绪的内容，接受这些情绪，感谢它们告诉你关于外界的重要信息，相信它们能协调你的身心，让你做得更好。

幸福重点

1. 感到焦虑时，告诉自己这不是焦虑，而是兴奋，这本身是有实证研究支持的心理学"黑科技"。
2. 虽然情绪转换的魔法很神奇，但它有一个重大限制，那就是只能在身体反应相似的情绪之间转换。
3. 如果两种情绪引发的身体反应差别太大，可以通过改变对情绪后果的看法，转换情绪带来的影响。

02

低落：意志消沉不想动，怎么办

假如你最近感到比较消沉，甚至不想见人、不想做事，那有没有什么方法可以帮你快速从这种状态中解脱出来呢？

很多人可能会劝你"振作起来"，这有用吗？当然没用，因为你不可能凭空从消极情绪转换到积极情绪。

大部分心理学自助方法也是让你改变想法，仍然是传统的"从认知到行为"的套路。这也很难做到，因为情绪会阻断大脑的思维通道，暂时屏蔽那些跟你当前的情绪相反的想法、记忆和事实证据。

其实，有一种最简单的方法，那就是站起来走一走——马上就能改善你的情绪。

具身认知

为什么这种方法有用呢？现在科学界有一个特别的发现，叫作"具身认知"：认知不是仅仅在大脑里进行的，还和身体紧密相关。大脑预测编码理论的一员"大将"、苏格兰爱丁堡大学的安迪·克拉克（Andy Clark）教授说过："知觉和行动表现为同一枚硬币的两面。"

这是什么意思呢？表面上看，知觉和行动似乎都只是身体的功能，但它们通过预测、理解、计算这些认知功能，和大脑联结成了密不可分的一体。

假如你的身体动作和你要处理的信息一致，那你处理信息的效率就会更高。比如，假如你正做着一个向外推手的动作，那么你能更快地理解"张三给了李四一个苹果"这句话，对"李四拿了张三一个苹果"这句话却会理解得更慢，因为"给"是一个向外的动作，而"拿"是一个向内的动作。

你可能还有过这样的经验：对于某些事情，你明明知道自己记得，可就是想不起来；直到有一天，在某个环境里，你说了某句话或做了某个动作，忽然就想起来了。

佛罗里达州立大学的科学家曾做过实验，结果发现，如果一个人的身体姿势跟往事类似，这个人就能更快地回忆起往事，这其实是因为身体会参与到记忆过程中。比如，如果你是在书桌前看这一篇内容的，那么当你之后坐在桌子前跟朋友聊起这一篇的内容时，你会回忆起更多内容；而当你跟朋友在公园里散步，你可能记不清一些细节。

不过近年来，由于对具身认知的研究进展太快，某些具体效应是否切实成立，仍存在争议。但毫无疑问的是，具身认知这种现象本身已经得到了心理学界的认可，且有大量可重复的实证研究支持。

通过散步来改变情绪就是利用了具身认知。散步能打破消沉状态的一个关键机制叫"心理反刍"，就是说，就像牛羊会反刍胃里的食物一样，有些人会反复想过去的事情，越想越悲观，越想越觉得自己没用、未来没戏，结果会意志消沉。

如果你坐着或躺着不动，所有注意力就都集中在大脑里，各种思绪此起彼伏，你很容易就钻进牛角尖里出不来了。但只要你站起来走一走，让注意力分散到身体和周围环境上，就能减少消极情绪。

斯坦福大学教育研究生院院长丹尼尔·施瓦茨（Daniel Schwartz）教授曾带领团队做过一个实验，结果发现人在走路时的发散性思维得分要比坐着时高60%左右。这说明，人一走起来，思维会更加发散，容易打破原有的思维框架，从牛角尖里走出来。

具身情绪

不过，散步对于情绪的改善可不仅仅是通过认知。现在，有科学家仿照"具身认知"造了一个词，叫"具身情绪"。简单说就是，情绪与身体息息相关。大量研究都表明，人动起来之后，情绪就会变好。

尤为有意思的是艾奥瓦州立大学心理学团队做的一个实验。他们把一些大学生随机分为两组：让第一组坐着看校园建筑的照片，让第二组实地去这些校园建筑周围走一走；两组花的时间相同。结果发现，第一组的积极情绪没有变化，而第二组的积极情绪大幅增加。

接下来，实验者又找来一批大学生，前两组跟之前类似，同时又增加了第三组。第三组学生也要实地到这些校园建筑周围走一走，但是实验者告诉他们，当他们走完后，得在10分钟之内写一篇两页纸的文章，讨论和分析这些建筑——这是在施加消极情绪的压力。

实验开始前，实验者还让这些大学生预测自己的情绪变化，结果第一组和第二组都表示自己的情绪会变好，只有第三组认为自己的情绪会变差，因为领了任务。

最后的结果是什么样的呢？走一走的两组的积极情绪都比坐着的第一组好很多，而且第二组和第三组的积极情绪没有显著差异，也就是说，任务压力其实没有影响。这说明在情绪方面，我们往往高估了外界的作用，而低估了身体的作用。

因此，当你意志消沉的时候，最简单的解决方法就是站起来走一走。

升级版：到绿地里走一走

不过，同样是走一走，有的走法会更好。我再给你介绍一种升级版的散步方式，那就是到绿地里散步。

从进化角度看，绿地意味着有水、有食物，因此人类就进化出了喜欢待在绿地里的天性。而且，绿色植物能够直接从最底层的生理层面让你心情好起来。比如，树木会分泌一种叫芬多精的化学物质。芬多精又名植物杀菌素，能杀灭对人体有害的细菌，并且可以减缓压力，让心情舒畅，强化肠道与心肺功能，有人甚至把在树林里散步称作"森林浴"。

不仅如此，绿地里鸟语花香，你一边走，一边会接收到各种新的视觉刺激、听觉刺激、嗅觉刺激，就能更好地打开思维框架。

前面讲到的施瓦茨教授团队做的研究，其实还有后续部分，他们让被试分别在室内和室外坐着、走路，结果发现：无论在室内还是在室外，都是走路时的发散性思维分数比坐着时更高；此外，无论坐着还是走路，都是室外比室内的发散性思维分数更高。

由此可见，在绿地里散步确实能显著改善情绪。

我在清华大学的研究团队做过一项研究，我们用微博大数据计算了全国所有城市的幸福程度。一个人幸不幸福，跟城市相关的哪些指标关系最大？答案既不是城市大小，也不是城市的富裕程度，北京、上海的幸福指数都只是中等偏下；跟幸福真正相关的指标出乎很多人意料，是绿地面积所占城市土地的比例。

当然，那是一项宏观尺度的研究。其实对个人来说，无论你所在城市的绿地多不多，一定可以在周围找到绿地，比如公园里、小河边，哪怕就是小区里的绿化区。经常在这些绿意盎然、充满生机的地方走走，你的情绪就能好起来。

加强版：运动

如果你想变得更积极主动，我就要向你推荐具身认知改善情绪的加强版方法：运动。

运动比散步的强度更高，因此前面讲的那些好处，运动都具备，此外它还能大幅增加我们的抗压能力及自信心。

为什么呢？你已经知道，你可以把焦虑的身体反应解释成兴奋，来更好地应对焦虑和压力。但是，如果压力突然爆发，你一下子焦虑得大脑一片空白，心都快跳出来了，哪里还来得及实践前面讲的方法呢？这时，你就需要另一种方法，让你能够在压力下训练自己。但是,谁喜欢整天给自己找压力呢?我们需要给压力找一个"代餐"。

这个代餐是什么呢?你已经明白了具身认知和具身情绪的道理,肯定明白心理压力和身体压力是一回事。因此,只要你每天运动一次,就是每天在给自己创造一个压力事件,尤其是那些比较激烈的、能使心跳速度大幅加快,且持续一段时间的运动。典型的有跑步、游泳、骑自行车、跳健身操等有氧运动,还包括达到一定强度和时长的球类运动。

如果你有运动的习惯,可能对此深有体会。刚开始运动时,你会觉得双脚沉重;运动一段时间之后,你感觉身体逐渐变得轻松,好像已经适应了;再过一会儿,身体又逐渐顶不住了,你觉得自己都快喘不过气来了;可是如果你再坚持一会儿,很快你又适应了。如此往复,运动越久,这种痛并快乐着的感受就越强烈。这就是前面讲过的,大脑为了让你继续运动下去,会分泌大量内啡肽,帮助你在长时间运动之后止痛,且令你感到愉悦。

所以,每一次运动都是对大脑的一次训练,让它习惯这样的循环:一开始很艰难,让人气喘吁吁,压力山大,但慢慢地就适应了,到最后还能感到爽翻了。

这样的训练多了之后,大脑在下一次压力来临时会自动做出预测:好好干,挺过一开始的难关,后面就会渐入佳境,获得超出期望的回报。这样,你更有可能把压力诠释为机会,而不是威胁。

当然，如果你觉得激烈运动对你来说有挑战性，那你可以先从比较轻缓的运动开始，比如慢跑、游泳、骑自行车等。

我个人特别推荐游泳，因为在游泳时，你随时可以根据自己的需要来调整强度。此外，游泳还有两个好处，都特别减压。

一，游泳时的漂浮感会让你感觉身体变轻、骨骼压力变小，从而带来轻松感。二，游泳时，你的视觉和听觉会变得模糊，这样一来，平时对信号处理的压力就会降低，大脑就会感到轻松愉快，这就是感觉剥夺。这两者的极致就是所谓的"漂浮疗法"，人在隔音又黑暗的温盐水舱中漂浮着，感觉跟回到母亲子宫里一样，是一种非常减压的体验。

积极小行动

到附近的绿地走一走

请拿出至少 10 分钟的时间，到附近的绿地中走一走。不一定非得是山里、河边这样原汁原味的大自然中，哪怕是小区的绿化区，边走边看看那些花草树木，也是好的。当然，如果条件允许，走的时间更长一些、强度更大一些，效果更好。

幸福重点

1. 意志消沉的时候，最简单的应对方法就是站起来走一走。
2. 比起单纯的散步，到绿地里散步对情绪改善的效果更显著。
3. 运动不仅比散步强度更高，还能大幅增加我们的抗压能力及自信心。

03 失控：情绪上头难控制，怎么办

虽然前面已经讲了不少关于情绪调节的内容，但你肯定有过这种时刻：明知道要克制、要理性，但仍然忍不住情绪大爆发。对于这种情绪突然上头的情况，你需要一些专门的急救技巧。

我选择用愤怒来举例，因为它的破坏力最强。比如，领导当众狠狠地批评了你一顿，可你觉得他的批评毫无道理，这时候，你心里恐怕会"腾"的一下，顿时怒火冲天。也许你当场就跟领导吵了起来，甚至口不择言地说了脏话，一怒之下提出辞职。哪怕是晚上回家后，你仍然愤愤不平，气得一夜都没睡好。

愤怒造成的伤害是爆发式的，因此特别需要急救。接下来，

我就给你介绍一整套急救方法，你不仅可以用它来应对愤怒，还可以用来应对其他消极情绪。

简单来说，这套方法分为3步：改变场景、改变身体、改变思考方式。

改变场景

改变场景的意思很简单，就是当情绪爆发时，你应该立即离开现场，不要继续和相关的人或事纠缠。这一步的用处是，先控制住情绪，不让情绪继续升级。更具体地说，它能够从两个角度来控制局势，分别是认知和刺激。

先看认知。在物理空间上离开现场，就打断了你头脑中认知和感性相互强化的循环。

这是什么意思呢？我们往往会觉得，平时跟人生气或吵架的时候，都是情绪占了上风，大脑好像完全无法思考了。但事实不是这样的，你仍然在思考，只不过这时的思考都在为情绪服务。就像前面引用过的那个比喻：认知不是判断感性冲动对不对的法官，而是为感性观点背书、论证的律师。

所以，在愤怒的时候，我们很容易越想越生气。为什么？因为这时认知在为感性服务，源源不断地提供你应该生气的证据。比如领导批评你写的报告不好，你会想：这不公平，我的文档的确有缺陷,但小王上次犯的问题更严重,你怎么不说?我这么写就是最好的,你懂不懂啊!这样一来,你自然会更加生气。

那怎么办呢?你必须想办法打断这个认知和感性相互加强的循环,最直接的方法就是离开现场。因为只要你在现场,你的愤怒就会执着于一个目标——战斗。而当你去到另一个地方,你就会遇到其他任务,哪怕只是简单的上厕所、坐电梯,总之事情不一样了,你的大脑不再执着于原来唯一的目标,认知就不用再拼命给你的愤怒提供理由了。

再来看刺激。离开现场,你也就远离了愤怒的刺激因素。因为情绪还有一项功能,那就是帮助记忆。你对某件事有情绪反应,说明这件事重要,你的大脑才需要特别标记。你生气的时候,大脑就把你的领导、会议室的桌子、当时房间里的温度都跟愤怒悄悄地联系上了。举个例子,我有一次开会开得很不愉快,同事对我的工作提了很多批评,后来,我连这个会议室都不愿意进去了。只要离开现场,你就脱离了那些让你生气的刺激因素,打破了情绪和刺激之间相互加强的循环。

总之,离开现场的主要目标是先控制住情绪,不要让情绪再升级了。本来你的情绪、认知和环境刺激这三者之间相互加强,就像一辆狂奔到120迈的跑车。离开现场之后,你的战斗欲就减弱了,车速降到100迈,你就可以进入后面两步,进一步减弱情绪。

改变身体信号

情绪急救的第二步是改变身体信号,最好的方法是做剧烈运动,比如跑步、游泳。如果条件不允许,在办公室楼下散步、快走也行。实在做不到,到厕所里喊两嗓子也可以。总之,要让身体兴奋起来。

一方面,运动之后,人的心情普遍会变好。因为运动会让大脑分泌血清素、内啡肽,也就是积极心理四大神经递质中的两种:血清素会让你感到安详、宁静,不再那么激动;内啡肽会帮你减少痛苦的感觉,增加愉悦感,原来的消极情绪也会减少。

另一方面,运动还可以欺骗你的大脑,让大脑误以为自己目前没那么生气。这是因为,情绪是大脑根据你的身体信号、环境信息和过去的经验一起建构出来的。不过,如果你意识不到身体信号的来源,大脑的解释就可能会出错。

你大概有过这种类似的经验。比如,今天你被老板骂了,虽然在公司里你把情绪压制住了,但是回家之后,你特别容易和家人吵架。为什么呢?你以为自己已经把愤怒丢在公司里了,但愤怒的身体信号跟着你回到了家。你的心跳仍然比平时快,呼吸仍然比平时急促,甚至手脚动作都比平时更加用力。

这时,如果你爱人的鞋没放在鞋架上,或者孩子被你催了两遍还没有去学习——要是在平时,可能你就会"算了",但是今天不一样，你体内充满了要战斗的信号，再结合外界的变化，你的大脑就做出了以下结论：我一定很生气，不然我的身体怎么会这么兴奋呢？于是，你比平时更容易发火。

对此，怎么办呢？在单位受老板的气，回家又跟家人生气，这不是越弄越糟吗？这时，你的最佳应对方法就是运动。

运动对于应对愤怒尤其有效。愤怒的身体反应跟运动很像，都是心跳加快、呼吸急促、血压上升。不过运动之后，身体会慢慢恢复，心跳放慢、血压降低，慢慢地恢复平静，这样就把愤怒的身体反应给冲刷掉了。

就像如果有人从楼上倒水，正好洒在你身上，你当然很不舒服。这时，与其拿毛巾擦个半干不干的，不如洗个澡，先把全身都彻底弄湿，再彻底擦干，这样更舒爽。

这样一来，你的愤怒已经缓解了不少，就可以进入第三步，更深入地解决情绪问题了。

改变思考方式

第三步是改变你的思考方式。当你情绪高涨的时候，思考是为情绪服务的，你会越想越生气。但是经过前两步，你的情绪已经大为缓解，最终仍然需要请出理性，才能从根本上解决问题。

怎么才能让理性回归呢？有一个简单的方法，那就是重新叙述这件事情。因为一旦用语言来表达，你就激活了大脑的理性部分，它会迫使你更有逻辑性地依据事实来看待这件事情。

你可以找家人或朋友聊天、讨论，也可以把这件事情写下来，但千万不要自己一个人闷头想。因为如果没有明确使用语言，那么理性的参与度就不够，很可能你很快又被情绪俘虏，陷入越想越生气的循环中。

显然，从理性参与的程度来衡量，说出来比自己想好，而写下来又比仅仅说出来好。接下来，我给你介绍一种把情绪写下来的方法，叫"表达性写作"。

它原本是得克萨斯大学的詹姆斯·彭尼贝克（James Pennebaker）教授发明的一种心理治疗方法，具体做法是让受过创伤的人连续4天写下自己的创伤经历。这种方法后来也被借用于处理那些非重大创伤的经历，比如消极情绪大爆发，它还可以用来疗愈自我。

具体怎样做呢？我给你5条建议。

第一，给自己创建一个私密、安全的写作空间，让你能够不受任何人打搅、专心致志地至少写20分钟。

第二，不要在意细节。不用担心自己写得是不是符合逻辑、语句是不是通顺、有没有错别字。表达性写作的重点是把你自己的感受充分地表达出来，而不是参加作文竞赛。

第三，既然只是为自己而写，你就不要再有任何伪装了。哪怕你只是宣泄，哪怕你的想法实在有些暗黑，也没关系。这一刻，你不需要压抑自己，尽情地表达内心的真实感受。当然，你也不用逼迫自己，如果有些东西你不想写，那就说明你还没有准备好面对那部分的感受，可以先不触碰它们，先写其他感受。

第四，写的内容并不局限于感受，你还可以写下某件事情的经过、你认为它会发生的原因、它对未来有什么样的影响，等等。

第五，让理性和感性相结合。写完之后，看一遍，想一想这些文字意味着什么，是不是充分表达了你的感受，这么彻底的表达有没有挖掘出你以前一直被压抑的某些情感，或者从理性的角度看，你长期以来的某些想法是不是不对。

这种方法的好处就是，既照顾到感性，让你可以尽情地宣泄情绪，也召唤了理性，让你能够对自己的情绪和事件本身进行思考。要注意，顺序不能乱，必须先接纳情绪，让情绪表达自己，然后才能用理性来反省。

表达性写作的优势在于，你是用书写来表达情绪，而书写是必须有理性参与的。因此，哪怕你写得再感性，其实理性都已经在参与了，这时再过渡到最后的理性思考部分，就顺理成章了。

类似地，如果你跟家人或朋友聊天，诉说事情、倾吐感受也能激发理性，只不过口头语言的理性成分没有书面语言高而已。

不过，跟别人聊天有一个好处是独自书写不具备的，那就是人际连接。要知道，一个人是不是有心理问题，他跟别人的关系是最重要的因素之一。

跟自己信任、喜欢的人在一起聊天，这本身就是一种疗愈。你的大脑会分泌"爱的激素"催产素，它除了能促进你和别人的连接，还能减少你的消极情绪。更不用说，亲友给你的安慰、支持或更加理性的分析、建议，本来就可以帮你缓解情绪。所以，如果你还不太习惯自己一个人书写，而更喜欢跟亲友聊天、吐槽，那你就用口头语言的力量来唤起自己的理性。

当然，除了用在愤怒上，你也可以把它用在其他消极情绪大爆发的时候。比如，焦虑、害怕得只想逃避，或难过、抑郁得什么都做不了的时候，你同样可以采取这3步：改变场景，避免情绪恶化；改变身体信号，通过运动明里暗里地调控你的大脑，让情绪缓解；改变思考方式，不要自己闷头想，而是把它写下来，或者跟人沟通，让理性重新占上风。

积极小行动

表达性写作

回想一件最近让你消极情绪大爆发的事件，然后用表达性写作的方式把它写出来。你可以遵循我推荐的5条写作建议，最好连写4天。如果实在做不到，写一两天也可以。

> **幸福重点**
>
> 情绪急救方法可以分为 3 步：1. 改变场景，避免情绪恶化；2. 改变身体信号，通过运动明里暗里地调控你的大脑，让情绪缓解下来；3. 改变思考方式，不要自己闷头想，而是把它写下来，或者与人沟通，让理性重新占上风。

04　失眠：脑子混乱睡不着，怎么办

你可能经历过这样的恶性循环：失眠的晚上，你躺在床上，脑子里翻江倒海，迟迟睡不着；第二天无精打采，一整天情绪都不好，工作推进得也不顺利；到了第二天晚上，你想得更多、更难以入睡。怎么办呢？接下来，我就给你介绍打破这个恶性循环的方法。

忧虑工作表

要想打破失眠的恶性循环，你可以先从睡前准备做起，包括

两个方面：一是心理上的准备，一是身体上的准备。

心理上的准备主要是减少睡觉时脑子里那些翻江倒海的念头。这些念头基本上跟你白天操心的事情有关，如果不提前关闭它们，而是思考到睡前最后一分钟，那你的大脑根本停不下来，你肯定睡不着。

你可能会说："不行，我要操心的事情实在太多了，就算停下手不去做，也停不下脑子不去想啊！"

对此，有一种应对方法叫"忧虑工作表"，就是在睡觉一小时前，给当天忧虑的事情收个尾。具体做法是：拿一张纸，对折起来，在左边写下你目前操心的事情，右侧写下你会采取的解决方案。有了解决方案之后，就把左边你操心的事情划掉，这意味着你知道如何应对这些问题了。

根据问题的难度，解决方案从简单到复杂可以分为4种。

第一种最简单，就是你已经知道怎么解决了，只不过现在没法去做。比如，今天下班回家时，你把车弄脏了，怎么办？很简单，明天去洗，你只要把解决方法写在右边就可以了。

第二种，你知道有一些方法可以尝试，但不知道它们是否奏效，所以脑子里不断地盘旋这些问题。比如你最近缺一笔钱，既可以向亲朋好友借，也可以找商业银行贷款，还可以查一下有没有兼职机会多赚点钱。这些方法都很清晰，只是你现在还不知道结果会如何。毕竟已经很晚了，你干脆就把这些可能的方法写在右边,明天再去执行。

第三种,问题很复杂,你根本想不到解决方法,怎么办呢?你只能告诉自己,再想下去也没有用。为什么?因为睡前大脑功能会减退,你的认知能力比白天时已经下降很多,再想也是白想。

人在清醒的时候,大脑在运转过程中会产生一些物质,其中就有跟睡眠高度相关的腺苷。腺苷是大脑代谢的产物,人清醒时间越长,它在大脑里的浓度越高。腺苷跟相应的受体结合,会阻止一些让人兴奋的神经递质的分泌,比如多巴胺、去甲肾上腺素。缺少了这些神经递质,大脑的表现就会变差。

通俗地说,腺苷的浓度代表我们常说的"睡眠压力"。临睡前,虽然你因为操心的事情不想睡,但是腺苷已经让你的大脑无法继续合作了,你思考出来的往往也只是歪点子。

这时候,你最应该做的事情就是睡一觉。因为睡着后,大脑会开始修复自己,把腺苷重新组合成能量。第二天醒来后,你的大脑开始运转,又会重新生成腺苷。这就是人体固有的生理节奏周期。

所以,你可以在忧虑工作表的右边写下明天或将来怎样想办法应对问题。比如,明天上午9点专门思考某个问题,后天中午约一个比较智慧的朋友吃饭,向他请教。这样,你就可以在今晚把这个问题先划掉了。

不过,最难的是第四类问题,就是那种长期存在、得不到解决的问题。比如，长期的财务压力，跟父母的紧张关系，找不到理想的爱人，等等。

如果你在操心这类问题，可以在忧虑工作表的右边写下："这个问题纠缠我很久了，一直找不到解决办法，今天晚上也不可能找到。算了，不想了，留到以后再解决吧！"

可见，忧虑工作表的用处就是给大脑一个交代，让大脑觉得问题好像已经有了解决方案，可以在任务列表上划掉了。这样一来，你在睡觉时，它们从你的大脑里跳出来的概率就大大降低了。

我们的大脑有这么好欺骗吗？问题明明没有解决啊！

其实，当我们认真思考或工作的时候，大脑中被激活的是一种叫作"任务网络"的脑区组合。顾名思义，这个脑区会在注意力集中处理任务、达成目标时被激活。而当我们躺在床上、准备睡觉的时候，大脑中被激活的是"默认模式网络"，也就是大脑处在默认模式下、没有特别任务时才会被激活的脑区。这时候，大脑容易走神，会自由散漫地随意联想。

显然，这两种网络是相互抑制的。当人工作或专注思考的时候，激活的是任务网络，默认模式网络被压制；当人休息的时候，默认模式网络被激活，任务网络被压制。中间的调节者叫"突显网络"，它会调节大脑要突出显示哪种网络。

我用手机来打个比方：你正在手机上使用一款 App，就相当于任务网络被激活；你锁上手机屏幕，让 App 在后台运行，就相当于默认模式网络在运行。忽然"叮"的一声，手机收到了一条新信息，于是你拿起手机，这就是突显网络来调节你的注意力了。你打开发来信息的 App，这就相当于又切换到了任务网络。

当默认模式网络在后台运行时，大脑最容易想到的是什么呢？是那些让你烦心的事情。对于手机收到的通知，你尚可以忽略，甚至直接关掉手机，可一旦一个需要你操心的念头在你的脑中涌出，突显网络往往会认为：哎呀，这个问题很重要，主人你还是关注一下吧！于是，任务网络就自动上岗了。这就是为什么很多人躺在床上，虽然身体不动，脑子却拼命运转。

而忧虑工作表的用处就是，降低突显网络"叫醒"任务网络的可能性。因为当你写下应对这些操心事的方法并把对应问题划掉之后，大脑就会得到一个信号：这些问题没有那么要紧。当默认模式网络想到这些问题时，突显网络对其重要性的评估就不会那么高，也就不太可能叫醒任务网络，于是就能有效关闭那些烦心事。

降低温差

忧虑工作表可以帮助你做好心理上的入睡准备，而在睡觉一小时前还有身体上的准备要做，那就是改变体温。

人体的温度并不是一直不变的，在一天内随着时间的变化，体温会有规律地上升、下降。

不过，人体内部、外部的温度变化规律是不同的。体内温度是白天高、夜里低，但体表温度，比如手、脚、脸部等部位的温度，却正好相反，是白天低、夜里高。这就导致我们身体内外的温差也会随着时间的变化而变化。白天，体内温度大概比体表温度高 2 摄氏度；到了夜里，体内温度比体表温度只高 1.7 摄氏度左右。

你可别小瞧这一点温差。我们可以利用这个规律，刻意调节身体内外的温差，让它在睡前降低一些。这时大脑就会收到暗示：哦，温差降低，我该睡觉了。

斯坦福大学医学院的精神科教授，同时也是斯坦福大学睡眠生物规律研究所所长的西野精治提出了一个建议：在睡觉 90 分钟前，泡 15 分钟的热水澡。

但很多人平时特别忙，做不到这一点，或者习惯早上洗澡，怎么办呢？有个传统习惯可以借用，那就是用热水泡脚。人体表面血管最多的地方是脚、手、脸部，用热水泡泡脚、洗洗脸，就能促进血液大量流到这些部位，让身体内部的热量充分散发，从而使体内温度和体表温度的差异缩小，达到跟洗热水澡类似的效果。当然，泡脚就不需要提前 90 分钟了，睡觉一小时前做就可以了。

渐进式肌肉放松

做完从心理到身体上的准备，现在你可以躺到床上、准备睡觉了。可是，如果你仍然忍不住思前想后、翻来覆去睡不着，怎么办？

我再推荐一种对心理和身体双管齐下的方法，叫作"渐进式肌肉放松"，也就是逐渐放松你全身的肌肉。

首先，深呼吸 5 次。随着吸气，绷紧你的左脚，卷起足弓，让脚趾头向脚心收拢，体会这种左脚肌肉绷紧的感觉；再随着呼气，放松左脚肌肉，体会左脚肌肉放松的感觉。然后用同样的方法，紧绷、再放松左小腿和左大腿。

接着，重复绷紧、放松你的右脚、右小腿、右大腿、臀大肌、腹肌、胸肌、背部肌肉、左上臂、左下臂、左手、右上臂、右下臂、右手、颈部、头部的肌肉。

最后，随着吸气，绷紧你的全身；再随着呼气，放松全身肌肉，体会全身放松的感觉。

整个过程做下来，根据不同人的不同呼吸速度，大概需要 5~10 分钟。我很少能做完全程，几乎做到一半就睡着了。

为什么它这么有用呢？因为它是对心理和身体双管齐下的方法。

在心理上，它给了你一个单调但没那么容易做到的任务。有的人睡不着的时候会数绵羊或数水饺，因为"绵羊"的英语单词 sheep 听上去比较像"睡觉"的英语单词 sleep，而"水饺"听上去比较像"睡觉"。但这种方法太容易了，很多人数着数着又走神了。

而渐进式肌肉放松没那么容易，它需要一定的注意力才能做好，因此不太会走神；同时它又足够单调，不会引发大脑去分析、思考，因此更容易让你睡着。

在身体上，渐进式肌肉放松会激活你的副交感神经系统。副交感神经系统的作用和交感神经系统是相反的。交感神经系统让我们感到兴奋，会进入逃跑或战斗状态，随时准备应对外界的挑战。当你白天工作时，往往是交感神经系统比较活跃。而副交感神经系统则会让我们感到平静，心跳减慢，血压下降，呼吸也会慢下来。显然，睡觉是要激活副交感神经系统。因此，渐进式肌肉放松可以从这个途径促进睡眠。

当然，渐进式肌肉放松还有其他好处，比如增加你对身体的觉察，降低压力激素皮质醇的水平，让你更加平静。另一项研究发现，它还能让杏仁核，也就是我们的情绪中枢变得更加稳定。所以，这种方法不仅对促进睡眠有用，当你在平时感到压力山大、烦躁焦虑的时候，你也可以多用一用。

> **积极小行动**

忧虑工作表

强烈推荐你今晚在睡前尝试写忧虑工作表,然后检验一下你是否会睡得好。

> **幸福重点**
>
> 解决失眠的方法:1. 睡前使用忧虑工作表,在睡觉一小时前,给今天操心的事情收个尾;2. 用热水泡澡或泡脚,刻意调节身体内外的温差;3. 躺下后使用渐进式肌肉放松。

05 / 活力：缺少冲劲没能量，怎么办

如果你自己或你身边有人总是没精打采的，倒不是消沉、抑郁，就是好像心里闷闷的、缺少能量，没冲劲儿，对此，我推荐你一种被称为"幸福强心剂"的方法。这种方法可以帮你们一下子获得大量积极情绪，变得干劲满满。

感恩信

"幸福强心剂"到底是什么呢？它叫"感恩信"，是积极心理学的一种经典干预方法。具体做法分为 3 个步骤。

第一步，先想一想，有没有一个人是你一直想感谢，却还没有充分感谢过的？

第二步，给这个人写一封感恩信。这封信不能只是简单地写"谢谢你，我爱你"之类的话，还得写下你感谢他的具体原因，比如发生过的故事、一些相处的细节、他给你带来的感受，等等。

第三步，把这封信交给对方。最好是跟对方约个时间见面，当面念给他听。如果是这样，你可能需要带上纸巾，因为你们两个人都会感动流泪的。如果对你来说，当面念出信的内容实在有点难为情，你也可以采取视频通话或打电话的方式念给他听，或者把信寄给对方。

为什么这种方法被称为"幸福强心剂"？因为效果确实惊人。塞利格曼曾经做过一个试验：对照组分别采用感恩信、记录3件好事等4种积极心理干预的方法，控制组则是"随便写点往事"。结果发现，感恩信的效果是最强大的，它能大幅提升人的幸福感，显著降低抑郁。只要写一次感恩信，它对情绪的改善幅度比一个人坚持6个月每天写3件好事还大。

感恩的好处

为什么感恩信有这么强大的效果呢？

一个原因是，两个人之间的正面交流本身就能带来强大的情感激荡。

更重要的原因是，感恩并不像很多人想象的那样，只是一种积极感受，它也涉及理性思考的过程。著名的脑神经科学家安东尼奥·达马西奥带领的团队就做过一个实验，让被试想象一种能激发感恩的场景，结果发现，被试大脑里那些与道德、认知、价值、判断相关的脑区都被激活了。可见，感恩确实会给人带来认知上的改变。

到此，你肯定会想到，这样的大脑活动会有对应的身体反应。没错！美国加州心脏数理研究所做过一个实验，让被试先想一件让自己感到沮丧、挫折的事情，再想一件值得感恩与欣赏的事情，同时测量他们的心跳，结果如图 3-1 所示。

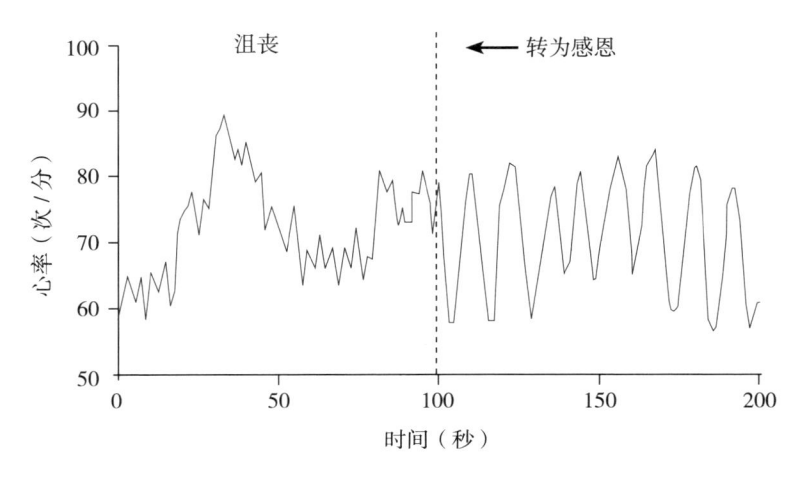

图 3-1

从图 3-1 中能明显看出：当人处在比较沮丧的状态时，心是在没有规律地砰砰乱跳，心率图就跟锯齿一样；而一旦转入感恩状态，心率曲线马上变得平滑、和谐，呈现出丝滑的波形。这是因为人沮丧的时候，大脑被激活的主要是交感神经系统，而在感恩时，被激活的是副交感神经系统，后者会让身体得到更好的放松和休整。

美国心理学家纳撒尼尔·兰伯特（Nathaniel Lambert）还发现，感恩会改变人对事情的看法，从而缓解抑郁症状。

举个案例，我的一位大学同学有次带孩子来北京玩，我就带着孩子跟他们一起去爬长城。结果，由于时间没把握好，我们错过了预定的火车，只好改签下一班。这本来是件坏事，但是我转念一想，又觉得挺感激的。本来我们得把主要精力放在照顾四处乱窜的孩子身上，但是因为误了火车，我跟这位同学反而坐在候车室里深聊了好一阵子。

养成感恩的习惯之后，你会更容易看到事情的另一面：碰到一些不愉快的事情时，你不会总叹息自己怎么这么倒霉，而会意识到，其实自己在生活中已经有了很多收获。

这看上去有点像"精神胜利法"，但你有没有注意到，你平时更容易犯的错误其实是"精神失败法"。这是什么意思呢？

我们在追求目标时，大脑为了确保成功率，会故意夸大达成目标的好处和目标实现不了的坏处。这虽然能给我们提供拼命追求成功的动力，可一旦失败，我们会格外沮丧、郁闷，越想越感觉自己不成器。

比如，对于前面提到的情况，误了火车后，我脑子里下意识的念头其实是：完了！他们大老远到北京，这下要把宝贵的时间浪费在候车室了，多遗憾啊！可实际上呢？孩子们嘻嘻哈哈地去逛车站、商店，我和同学多了一段深度聊天的时光。而晚上到了长城之后又发现，在灯光下夜游长城别有一番情趣。

也就是说，感恩可以帮助我们跳出"精神失败法"，矫正我们过于负面的、仅仅执着于唯一目标的认知偏差。

甚至有大量研究发现，经常感恩的人更幸福、更乐观、更健康，更不容易产生抑郁、嫉妒、贪婪等情绪，也更不容易酗酒。

文化差异

虽然感恩有这么多好处，但是从我这十几年来推广积极心理学的经验来看，中国人对它似乎有点抵触。是因为中国人不感恩吗？当然不是，其实是感恩存在文化差异。

加州大学河滨分校的索尼娅·柳博米尔斯基（Sonja Lyubomirsky）教授和她的韩国同事曾经合作过一个研究，他们招募了一些美国人和韩国人，然后让双方都尝试两种积极心理干预方法，一种方法是前文介绍过的随手助人，还有一种就是写感恩信。结果发现，做随手助人的美国人和韩国人都变得更幸福了，但在写感恩信的人中，只有美国人的幸福感提高了，韩国人的幸福感不仅没提升，反而降低了。这是为什么呢？

柳博米尔斯基分析，这可能是因为对东方人来说，感恩常常伴随着一种亏欠感，就是"别人对我这么好，我该怎样回报他才够呀"，而这种亏欠感引起的焦虑和内疚，反而会降低一个人的幸福感。

关键其实在于，东方人的传统是他主联系型关系。无论我们愿不愿意，都得活在关系之中。因此一提到人际关系，我们更多想到的是对别人的义务。别人对我们好，我们感到的更多是亏欠和内疚。

现在，有很多学校和机构推行所谓的"感恩教育"，其实分明是"内疚教育"。他们反复对孩子们强调：父母为你们付出了这么多，而你们为父母付出了什么呢？你们应该感恩，要好好学习，报答父母！

内疚作为一种消极情绪，当下那一刻产生的驱动效果确实比感恩这种积极情绪更强大，但是从长期来看，它会伤害孩子和父母之间的关系。孩子想起父母对自己的关心、照顾时，不是感到温暖，而是会觉得那是一种交易：我已经为你们好好学习了，我不再欠你们任何东西了！

虽然在人与人之间的很多关系里，付出和收获基本是平衡的，比如一般的同事、朋友关系。但人生最重要的关系往往都是一方付出得更多，比如父母和子女的关系。因为这就是人类关系的本质——越重要的，越不能计算利益得失。否则，人类就不需要进化出关系，两个人直接交易就行了。

如果把最重要的关系看成有条件的交易，而非无条件的爱，那就会带来过多的消极心理，人就会仅从利益上衡量关系的得失：付出少了，觉得内疚；付出多了，觉得吃亏。

如果你在做感恩信的练习时，感到的亏欠比感恩多，也许你正好可以借此机会反思一下：对我来说，这段关系是他主的还是自主的？

如果你在这段关系里是自主联系型，是你自己选择了这段关系并且加以建设，那么你在想起别人的好时，感受到的多是感恩。如果你是他主联系型，你不一定非得放弃这段关系，只不过你需要重新调整自己在这段关系里的动机，把它变得更加自主。

持续性方法

如果你把上述情况都调整好了，不会因为感恩而有所愧疚，那你还可以多做一些感恩练习。

前面介绍的感恩信被称为"幸福强心剂"，除了有"一针打下去，幸福感飙升"的好处，它还有一个坏处，那就是：如果没有其他跟进措施，3个月之后，一个人的心理状态就恢复原状了。

那怎样才能持续获得感恩的好处呢？

最简单的一种方法是，定期做感恩信，比如一个月一次，轮流感谢你想感谢的人。

除此之外，柳博米尔斯基还提出了一种方法，叫"感恩周记"，就是每个周末写下刚过去的一周里你最想要感恩的5件事。你可能会有疑问：为什么不像"记录3件好事"那样，干脆每天都写下值得感恩的3件事呢？这是因为，有实验发现，周记的效果反而比日记好。柳博米尔斯基认为，每天都写感恩日记，容易让人觉得这是一种负担。

当然，如果你想每天都写，有一种简单的方法，那就是把它和"3件好事"的练习结合起来，补充上这件好事发生的原因。

以我为例，写下这篇稿子的这一天，我的第一件好事是"妻子烧的早饭很好吃"，我又加了一句"因为她对家人很好"；第二件好事是"今天上午一鼓作气完成了好几件工作"，又加了一句"因为我今天很自律，而且此前虽然没有动手开始干，但是心里已经计划好了该怎么做"；第三件好事是"今天天气不错，终于不热了"，我又加了一句"因为天公作美，开始降温了"。你看，这样一来，虽然我没有明说，但是我分别感恩了妻子、自己和老天。

你可能觉得奇怪：自己和老天也需要感恩吗？事实上，柳博米尔斯基发现，在她的实验里，人们的感恩对象五花八门：有经典的"感恩家人""身体健康""还活着就好",也有"过了个愉快的情人节""期中考试只考了 3 章内容"这种跳脱的,甚至还有感谢聊天工具的。

所以,无论你是打算写"感恩周记",还是"升级版 3 件好事",都不用拘泥于特定的感恩对象,任何你觉得美好的事情你都可以感谢,任何你觉得引起好事的原因,都可以合理地写下来。

归根到底,感恩不是为了别人,而是为了我们自己。有时候我们之所以抗拒、排斥感恩,多半是因为关系对我们来说不太自主。如果你在一段关系中是自主的,那你甚至都不需要告诉对方,就可以感恩对方给你带来的幸福和意义。

积极小行动

感恩信

你可以按照前面介绍的方法,给一个你一直想感谢、却没有好好表达过谢意的人写一封信。注意,信里要写出你感谢他的详细理由。

你可以选择当面念给他听,也可以通过视频、音频说给他听,或者哪怕就是寄给他你手写的信,只要让他感受到你的感恩就好。

幸福重点

1. 感恩不仅能让你情绪变好,还会让你身体更好,调整你的认知偏差,带来现实生活中的改变。
2. 对东方人来说,感恩常常伴随着一种亏欠感。如果你也有这样的感受,正好可以反思一下:你所处的某段关系对你来说,是他主的还是自主的?
3. 提振能量的持续性方法:定期写感恩信;写感恩周记;把感恩和"3件好事"联系起来。

06 人际：交友迈不出第一步，怎么办

前文一直提到一个词——关系。那如何才能积极地建立关系呢？有些人希望交到新朋友或者想找到另一半，可是自己的社交圈不大，如何迈出第一步？有些人虽然想主动建立关系，但有些胆怯，或者不知道如何跟别人接近，该怎么办？

打破对关系的固定型思维

要想顺利迈出交友的第一步，先要打破对关系的固定型思维。我以网上特别流行的 MBTI 测试为例，来解释这一点。很多人

做了 MBTI 测试后，会说"我是 I 人（内向者），你是 E 人（外向者）"。人们在谈论 MBTI 时会有一种态度，好像测试结果意味着，自己天生就是某种样子，内向或外向，是固定不变的。

不知道你有没有做过 MBTI 测试，但是我想告诉你，它其实不太靠谱。

首先，这个测试没有实证研究的科学依据。其次，它的测量方法是让人在两个对立的选项中必须选一个，但事实上，我们在很多问题上的答案并非黑白分明的。

举例来说，关于内向和外向的维度测试有一道题目是：你喜欢花很多时间和别人在一起，还是一个人独处？可是朱自清在《荷塘月色》里写过："我爱热闹，也爱冷静；爱群居，也爱独处。"这让他老人家怎么选？

如果你只是拿这个测试作为参考，了解自己的性格，倒也无伤大雅。但你心里得明白，不要被这些标签束缚住。

这些标签，就是一种固定型思维。

前面已经多次提到了标签的力量。如果你给自己贴上"不善于和人打交道"的标签，其实就是在大脑里建立起这样一个模型：一遇到人际交往，大脑就自动预测你会受挫，你的身体就提前进入排斥和防御关系的状态，那你当然就很难迈出人际交往的第一步了。

所以，你要打破这种固定型思维，相信自己构建人际关系的能力不是天生注定、无法改变的，而是可以通过一些方法提升的。

依恋风格

那么，怎么提升呢？这就需要找到自己在构建人际关系时遇挫的根源。它常常来自一个人小时候跟其主要看护者（一般是父母）形成的互动方式，以及这些互动方式在大脑里生成的预测模型。

这种模型在心理学上有个名字，叫"依恋模式"。

如果父母在孩子的小时候，就与其建立起了稳定且温暖的互动模式，不只是孩子哭了才去抱他，孩子感到饿了、冷了才给他吃的、穿的，而更能满足孩子的情感交流需求，经常向孩子表达爱，愿意聆听他的心事，安慰他的沮丧……那么，这样长大的孩子在大脑里构建出的模型就是：别人是爱我的，我是有价值的，世界是安全的。也就是说，他形成了安全的依恋模式。这样的孩子在长大之后对别人抱有善意假设，享受跟他人的互动，也更容易构建积极的人际关系。

如果是不安全的依恋模式呢？具体来说，不安全的依恋模式可以分为两种。

一种是回避型，原因在于父母跟孩子的互动方式一直比较冷漠。比如，当孩子遇到了困难，正在郁闷时，父母说："这有什么难的，这点苦都吃不了吗？"当孩子考了个好成绩，正高兴时，父母却说："这点儿小成绩就开心成这样，不要骄傲！"也就是说，这类父母不仅不向孩子表露情感，还常常压制孩子流露真情实感。

这时，孩子大脑里构建出来的模型是回避型的：没有人爱我，这世上就没有爱这回事，世界是冷酷无情的。长大之后，他们自然不愿意迈出交友的第一步。就算有人主动接近他们，他们的第一反应往往是猜疑、排斥：那个人不会真的喜欢我吧？他一定另有所图。

另一种不安全的依恋模式是焦虑型。父母跟孩子的互动不稳定，时而温暖，时而冷漠，孩子就会形成这种依恋模式。最典型的就是所谓的"有条件的爱"。有一句话很扎心："妈妈爱的不是我，而是考满分的我。"孩子考得好、听话、让父母满意，家里就欢声笑语；反之，父母就横眉冷对，甚至嘲讽、恐吓孩子。

在这样的家庭中长大的孩子，其大脑里构建的模型是：我没有价值，只有在我表现好的时候，别人才会爱我，世界是高度不确定的。要知道，不确定性最容易带来焦虑，所以他们形成的依恋模式就是焦虑型依恋模式。

焦虑型的孩子长大之后，会对关系非常纠结。一方面，他们特别希望得到别人的爱；另一方面，他们更担心失去这份爱。在没建立关系之前，他们总担心别人看不上自己；在建立关系之后，他们则担心自己会被抛弃，因此他们经常会耍小性子来试探对方。他们这种患得患失、敏感多疑的举动，自然不会让别人舒服。因此很多时候，他们的关系都以破裂收场，这会进一步强化他们对关系的固有印象，变得更加焦虑。

读到这里，你是不是突然觉得，自己的依恋模式好像有点偏回避型或偏焦虑型呢？不用担心，其实这种感受并不少见。关于中国人的依恋模式，不同的研究有不同的结果，但是安全型依恋模式占比最高的研究也不过只有41%。所以，哪怕你不是安全型，也不用太担心，就像前面讲过的，构建人际关系的能力是可以提升的。

那怎样勇敢地迈出第一步呢？接下来，我根据这两种不同依恋模式的情况，分别给出一些建议。

回避型

回避型的人最大的障碍在于，他们本能地觉得世界上不存在爱。很可能成年后，他们跟父母、朋友的关系都不是特别亲密。

如果你刚好偏回避型，要想改变这种思维定式，我推荐以下3个行动。

第一个行动，你可以先试着对周围环境里的人——无论是认识的还是不认识的，表达一些小善意。比如，在遇到别人的时候点头、微笑、与对方简短地聊天、赞美对方。如果真的这么做了，你会发现别人并不像你想象中那样冷漠，他们基本上也会以善意回报你。你的心里会感到一些暖意，大脑里的模型慢慢开始松动，并认识到"原来人和人之间也是可以有温暖和善意的"。

第二个行动，你可以去参加一些人际活动。我尤为推荐两类。

一类是公益活动，比如在社区做志愿者、救助流浪动物、清理垃圾、义务支教，等等。因为公益活动的参与者一般都比较友善，被帮助到的人也会向你表达感谢，你非常容易收获积极的人际互动。

另一类是所谓的结构化活动，也就是有明确规则的活动。比如打牌、玩桌游、参加读书分享俱乐部、打球，或者跟一些人去爬山、骑自行车、看电影等。

假如你现在已经可以开始迈出人际交往的第一步，但是在跟别人相处时仍然经常手足无措，结构化活动对改善这种情况特别有用。因为你不用多想要做什么、该怎么做，活动已经规定好了，你反而可以专注于活动本身，把你的才能发挥出来，而不用煞费脑筋地去想如何跟人交往。而且，这类活动一般都是志同道合的人参加，大家天然容易产生好感，不会陷入无话可说的尴尬境地。

如果你能完成前两个行动，说明你已经在人际关系上有了很大的进步，接下来就可以尝试更重要、但也更难的第三个行动，那就是适当地向别人分享自己的脆弱之处。

当然，我不是让你一开始就分享内心最深的伤痛，而是先从一些无伤大雅的小问题开始，比如"我不太会穿衣搭配"或"我胆小，夜里得开灯才敢睡觉"。然后根据别人的反应，你会找到那些能够接纳你，并且能给你共情反馈的人。对着他们，你下一次可以尝试做更深入的分享。

适当跟别人分享一点自己的脆弱之处，对回避型的人打破思维定式特别有效。因为回避型的人特别在意自己独立、坚强的形象，他们觉得自己指望不上别人，但这种过于独立、坚强的形象会显得特别高冷，让别人对他们退避三舍。

分享脆弱可以减压，让你不用把那么多恐惧和焦虑都锁在自己心里，别人一般都会给出正面的反馈。你会发现，原来这些缺点在别人眼中其实没什么大不了，你不用再苦苦维持原来的高冷形象，可以更自然地跟人交往。

此外，这个行动还能促进两个人的关系。动物要战斗时会张牙舞爪，但在表示臣服、信任时，会把自己最软弱的肚皮露出来，表示对对方不再防范。互相吹牛皮并不能交到真心朋友，而分享脆弱之处，会极大地增强两个人之间的信任。

所以，对于回避型的人，要想迈出人际交往的第一步，最重要的是重新感受到人际关系之中的温暖。

焦虑型

焦虑型的人迈出交友第一步的最大障碍,往往在于对关系患得患失的心态上:既担心别人不接纳自己,又担心即使这段关系建立起来了,也会以破裂收场。

其实,前面我给回避型的人推荐的3种方法,对于焦虑型的人也是有用的。如果你更偏焦虑型,可以由此发现,别人对你其实没有那么多评判,很容易接纳你。

不过,对于焦虑型的人,我还有一个特别的建议,那就是尝试前面推荐过的情绪应对方法,尤其是正念冥想。它能让你更好地觉察、接纳自己对关系的焦虑,你慢慢地会觉得,自己多虑了:别人并没有像你想象的那样,时刻在评判你。

没有一段关系是完美的,任何一方在关系中批评、挑剔另一方,乃至想要离开,都是正常的。没有哪一段关系会只有甜蜜而没有冲突,但冲突并不必然导向关系的结束。因此,你不必那么绝望、害怕。

过去已经过去了,你现在面临的是不同的人、不同的情境,新的关系并不一定会像过去的那些关系一样。你只要掌握好方法,就可以发展出一段新的好关系。

还有一种能帮助焦虑型的人的方法,那就是多和那些依恋模式比较安全的人交往。观察一下你周围的人,那些对别人更有善意、情绪更稳定且更能提供无条件的爱的人，一般都是安全依赖模式。无论是普通朋友、同事还是伴侣，和这样的人相处，你都可以得到宽慰和滋养。

如果从身边找到这样一个人比较难，你也可以从宠物身上来体会无条件的爱。宠物永远不会因为你的长相、收入、某个项目做得好不好而评判你，或者离开你。当你抱着宠物的时候，你的大脑会分泌催产素，你也能体会到爱的感受。

但是，我要提醒你，不能把宠物当成人际交往的替代品。"撸"宠物固然简单、愉快，跟人交往固然困难、费劲，但是人际交往能够达到的深度绝对不是宠物能比的。你可以给自己定下规则，比如每天跟宠物相处的时间不能超过跟人类相处的时间。你也可以通过宠物寻找跟人交往的机会，比如和其他养宠物的人相约一起出去遛，而不是把宠物作为待在家里不出门的理由。

总之，人际交往确实更难，但也会带来更奇妙的回报；宠物应该是帮助你开展人际交往的出发点，而不是替代品。

积极小行动

参加活动

我想为你推荐的行动对回避型的人和焦虑型的人都适用，而且对于安全型依恋模式的人也不无好处，那就是去参加一些活动。无论是公益活动还是结构化活动,你都可以从中用心感受人们的善意。

幸福重点

1. 交朋友的第一步是打破对关系的固定型思维。构建人际关系的能力不是天生固定不变的,而是可以提升的。

2. 给回避型的人的建议:对周围的人主动释放善意,主动参加一些活动(如公益活动、结构化活动),与人分享自己的脆弱之处。

3. 给焦虑型的人的建议:以上两条同样适用,此外,还可以尝试正念冥想,以及多和安全依恋模式的人交往。

07 关系：构建关系很困难，怎么办

如果你已经迈出人际交往的第一步，认识了一些新朋友，接下来你一定想知道：如何进一步深入构建良好的人际关系呢？其实，关键仍然在于前文反复强调的：关系的构建主要靠情感，而非理性。当然，这并不意味着你可以在关系中随便表达情绪，而是如果你要构建好的关系，那么你们之间的情感交流至关重要。

很多人对一些关系都抱有充满期待的初心，希望对方好，也想把关系建设好。但有时候，最终的效果就是不理想。接下来，我由浅到深给你介绍 3 种方法，都是从情感角度入手来构建关系。

问对方关于他自己的问题

第一种方法是,问对方关于他自己的问题,让对方谈论自己。

其实人都喜欢谈论自己,哪怕是比较内向或谦虚低调的人,当你问他擅长什么事情、喜欢什么事情时,他通常都会滔滔不绝地谈论一番。

为什么会这样呢?哈佛大学心理学系的黛安娜·塔米尔(Diana Tamir)和杰森·米切尔(Jason Mitchell)两位教授做过一系列实验。他们让被试分别谈论自己和别人,同时扫描他们的大脑。结果发现,被试在谈论自己时,伏隔核和腹侧被盖区的活跃程度都比谈论别人时高。这两个脑区都是大脑愉悦系统的重要组成部分,参与多巴胺的分泌和传递。怪不得我们谈论起自己来,就是比谈论别人更高兴。

而且,话题的差异不仅会影响人的主观感受,还会引发不一样的行为。以上两位教授带领团队又让被试选择3种不同的任务,分别是谈论自己、谈论别人、谈论事实,每项任务对应不同的金钱回报。结果发现,平均来看,被试宁愿少挣17%的钱,也要选谈论自己的任务。可见,人们对谈论自己是不惜真金白银的真爱。

这还没完,团队随后又引入了一个新的变量——跟人分享。他们扫描了被试在4种情况下的大脑:跟其他人谈论自己,跟计算机谈论自己,跟其他人谈论别人,跟计算机谈论别人。同时,团队会保证被试跟计算机谈论的结果不会被任何人看到。结果发现，被试伏隔核和腹侧被盖区这两个愉悦脑区的激活程度表现出两个特点：一，谈论自己时的活跃度高过谈论别人；二，跟其他人谈论时的活跃度都高于私下对计算机讲。

由此可见，人在跟别人谈论自己的时候是最高兴的。

我们知道，当大脑感到愉悦的时候，它会把周围相关的东西都标注为"好的"，当然也包括正在跟对方对话的你，这样一来，对方对你的好感就增加了。

当然，这需要一些技巧。

第一个技巧是，你问的问题要恰当，不能一上来就问特别隐私或过于深入的问题，可以从一些比较公开的属性聊起。比如，跟中国人对话时可以聊家乡："听说你们那儿的 ×× 食品特别好吃，你知道在我们这座城市里哪里可以买到吗？"还可以就对方的学校、专业、工作单位，乃至对方喜欢的球队、电影、明星等，尝试切入，看能否聊得尽兴。

第二个技巧是问问题的方式要得当。你可以多问开放型问题，像"×× 食品怎么做？""如果我要在你们的家乡玩 3 天，应该去哪些地方玩？"，这样对方就不能用一句简单的"是"或"不是"来结束对话，而是得回答一大段，你就可以从中找到他谈得特别兴奋的地方，继续追问下去。

不要觉得追问是粗鲁的。追问反而会让对方觉得，你是真的对他的事情感兴趣，尤其是那些问得恰到好处的问题，会让对方觉得你真的挺懂他的。

哈佛大学商学院的艾丽森·布鲁克斯及其团队做过一项研究，让被试随机配对聊天，但是其中一部分被试被要求至少要问对方9个问题，一部分被试被要求最多问4个问题。聊天之前，被试都觉得问问题的数量不会产生太大的区别。可最后结果呢？那些被问了9个问题的人更喜欢提问者。也就是说，我们其实低估了多问问题对聊天的重要性。

不过，我们也不能只是一味地追问对方，同时也要主动分享。这就是第三个技巧：要经常分享自己跟对方相似的地方。

早在1965年，得克萨斯大学的心理学家就发现，人和人之间并不是"异性相吸"，而是"同性相吸"。对方跟你相似的地方越多，你就越喜欢对方。

有一类共同点会让其他人更喜欢你，那就是共同的经历。因为关系的根本在于情感，你越能共情对方，你们的关系就会越好。想法、兴趣等方面的相似之处，仍然主要停留在认知层次，可共同的经历直接会引起情感层次的共鸣。所以，如果你跟对方有相似的经历，别忘了拿出来和对方分享。

去做共同喜欢的事情

这也就引出了我要介绍的第二种方法：跟对方一起去构造共同的经历。

比如，假如你和对方来自同一所大学，那你们可以一起参加校友会活动。如果你们是同一个地方的人，那可以约着过年一起回家。如果你们喜欢类似的菜肴，那就可以一起约着探索附近的美食或一起做饭。如果你们学的是同一个专业，可以一起讨论专业问题，或者组团做个小项目。

为什么聊出了相似之处后，一定不能停留在话语上，而要去行动呢？

这是因为，正如前文所说，我们的幸福更多的来自生活的经历，而不是拥有的东西。当一个人在经历中收获积极情绪时，也会爱屋及乌，觉得那时候在他身边出现的你更加可爱。

当然了，这些活动也需要由浅入深进行。一开始的时候，应该是比较轻松愉快的活动，比如大家一起吃饭、玩游戏等；后期，就可以进行更加艰难的活动了。因为一起克服困难、获得胜利的经历，要比普通的愉快经历更能增进关系。这叫"战壕效应"，就是曾经在同一条战壕里战斗过的人的情谊，肯定比仅仅在同一张饭桌上喝过酒的人要深得多。

究其原因，一方面是因为在这个过程中，大家会发展出相互依赖和信任；另一方面是因为，经过艰苦奋斗得来的积极情绪是最高级的，会让人在苦尽甘来时尤其感到愉悦，那时在他身边的你，仿佛也带上了光环，让他更加喜欢。

深入心灵的对话

在做完前面这两步之后，你们的关系已经有了坚实的基础，这时候，你们就可以来一场更深入的对话了。在这方面，著名的"亚伦问题集"可以参考。

亚瑟·亚伦（Arthur Aron）是纽约州立大学石溪分校的心理学教授。他当年在加州大学伯克利分校念书的时候，和他的同学伊莱恩·亚伦（Elaine Aron）陷入情网，不能自拔。很快，两个人就结了婚，而且从此开始一起研究神秘的爱情。

他们开发了36个问题，由浅到深，逐渐增加自我披露的深度和信任依赖的强度。比如第一个问题是："如果你可以选择世界上任何一个人共进晚餐，你会选择谁？"第十个问题是："如果你能改变自己成长过程中的任何一件事，你会选择什么？"第二十二个问题是："和对方轮流说出心目中对方的一个好品质，每人说五条。"第三十五个问题则是："在你的家人中，谁的去世会让你最难受？为什么？"

具体内容如下：

【亚伦问题集】

1. 如果你可以选择世界上任何一个人共进晚餐，你会选择谁？

2. 你想成名吗？以什么方式？

3. 在打电话之前，你是否会预演你要说的话？为什么？

4. 对你来说，"完美"的一天会是怎样的？

5. 你最后一次独自唱歌是什么时候？对别人唱是什么时候？

6. 如果你在 30 岁时，能保留当时的身体或者头脑，然后一直活到 90 岁，你会选择保留身体还是头脑？

7. 你是否有一个秘密的预感，觉得自己会以某种方式死去？

8. 列举你和对方有哪三样共同点。

9. 你对生活中的哪些方面最感恩？

10. 如果你能改变自己成长过程中的任何一件事，你会选择什么？

11. 花 4 分钟时间，尽可能详细地告诉对方你的人生故事。

12. 如果你明天醒来可以获得任何一种品质或能力，

你会希望是什么？

13. 如果有个水晶球可以告诉你关于你自己、你的生活、未来或任何其他事情的真相，你想知道什么？

14. 有没有你梦寐以求但一直没有做的事情？为什么没有做？

15. 你一生中最大的成就是什么？

16. 在友情中，你最看重什么？

17. 你最珍贵的记忆是什么？

18. 你最可怕的记忆是什么？

19. 如果你知道一年内你将突然死去，你会改变现在的生活方式吗？为什么？

20. 友情对你意味着什么？

21. 爱与情感在你生活中扮演着什么样的角色？

22. 和对方轮流说出心目中对方的一个好品质，每人说五条。

23. 你的家人之间关系亲密而温暖吗？你觉得自己的童年比其他人更快乐吗？

24. 你和母亲之间的关系是怎样的？

25. 说3个以"我们"开头的真话，比如"我们都在这个房间里，感觉到……"

26. 完成这个句子："我希望有一个能和我分享……

的人。"

27. 请分享一个如果你要与对方成为好朋友，那么对方就应该要了解的信息。

28. 告诉对方你喜欢他们哪些方面；要非常诚实地说出你可能一般来说不会对刚认识的人说的话。

29. 和对方分享你生活中的一个尴尬时刻。

30. 你最后一次在别人面前哭是什么时候？自己一个人哭是什么时候？

31. 告诉对方你已经喜欢上他的哪些方面。

32. 有什么事情是不能开玩笑的？

33. 如果你今晚要死去，并且没有机会与任何人交流，你最后悔没有告诉某人什么？为什么还没有告诉他们？

34. 你的房子着火了，包含你所有的财产。在救出你爱的人和宠物后，你还有时间安全地去救一个物品。那会是什么？为什么？

35. 在你的家人中，谁的去世会让你最难受？为什么？

36. 分享一个个人问题，并询问对方如何处理这个问题。同时让对方告诉你，在他眼里，你对于这个问题的感受是什么样的。

看完这 36 个问题，你有什么样的感觉？实验发现，此前还不认识的陌生男女，根据这 36 个问题聊完之后，双方的亲近感大幅增加，实验结束后仍然保持联系，甚至有一对参与完实验以后结婚了！后来《纽约时报》用一贯的标题党风格报道了这项研究，用的题目是《无论你想要和谁坠入情网，做这个！》。

但其实，这套问题并不仅仅是给亲密关系用的，它对任何关系都适用。

亚伦夫妇后来又做了一个实验。他们比较了这套问题和另一套平时聊天的小话题，比如"你最喜欢的节日是哪个""你订什么杂志"，然后让学生分别按照这两套问题来对话，结果发现，用这套深入对话问题的学生给对方亲近感打的分数，远远高于另一组。此外，异性配对组和同性配对组之间没有区别，也就是说，无论是找对象还是交朋友，用这套问题来对话，都能显著增加双方的亲近感。

为什么会这样呢？亚伦夫妇解释说，有 3 个原因：

第一，自我披露，尤其是披露那些脆弱之处，会让我们跟对方更亲近；

第二，这种披露是相互的，会让两个人更加信任彼此；

第三，这套问题是由浅入深、逐步升级的，因此不太会激起人的防备。用一位被试的话说就是："在我还没有意识过来的时候，我就喜欢上对方了。"

其实从大脑的预测编码理论来看，这种方式还有一个可能的好处，那就是这类问题通常是关系非常亲近的人才会相互问的。而当你向一个不那么亲近的人问起这些问题时，你的大脑就会判断："哇，我们都聊得这么深入了，关系一定不一般！"在潜意识里，对方已经把你当成自己人了。

你可能已经发现了，第一种方法，即去问对方问题并分享自己的类似想法、感受和经历，就是在逐渐加深自我披露。而第二种方法，即跟对方一起去做事，并且逐渐做越来越难的事，其实是在相互暴露自己做事的能力、风格，乃至弱点、缺陷，也符合亚伦夫妇的解释。

所以，亚伦问题集中的 36 个问题更多是给你参考用的，你不一定非要严格遵循它们，而是可以按照这个原则，自己去发挥。当你们相互披露得越多、交流得越深入，你们的关系就会越好。

积极小行动

邀请一个人一起做一件你们都喜欢的事

这次的积极小行动，不需要像第一步那样初级，但也不像第三步那样深入，请你做第二步，也就是邀请一个人，一起做一件双方都喜欢的事情。

幸福重点

与人构建良性关系有 3 种方法：1. 问对方问题，让双方谈论自己，并且与双方分享你们的相似之处；2. 跟对方一起去做事，并且逐渐做越来越难的事；3. 双方进行一场深入的对话，更充分地披露自己。

08
拒绝：不会拒绝、被 PUA，怎么办

很多人都问过我一个问题："我好像是'讨好型人格'，总是在迁就别人，甚至感觉自己被 PUA 了，却又不知道怎么摆脱这种不好的关系，我该怎么办？"

比如，有的人在单位里过度加班，出了事自己"背锅"，还不敢责备别人；有的人为了父母违心地去相亲，然后回到老家选一份自己不喜欢的工作；还有的人为了维护"塑料友谊"，每次聚餐时都自己买单，不想参加的活动也强颜欢笑地去参加。

以上都属于同一种常见的心理现象，叫"情感绑架"。有时候，是别人利用情感绑架你；有时候，是你自我绑架，被自己的

某些情感误导。

那么，怎样改变呢？我给你推荐一种"三步法"：从治标到治本，脱离情感绑架。

第一步：自我坚定

治标的第一步，是"自我坚定"。它是由行为疗法的泰斗兼心理学家安德鲁·萨尔特（Andrew Salter）提出来的一种方法。它可以帮我们辨明自己的立场和利益，让我们用一种既不带攻击性又很坚定的方式表达出来。

自我不够坚定的人在面对别人过分的要求时，要么是顺从、违心地答应，要么是忍耐很久，然后一下子大爆发，激烈地攻击对方。这些都不是理想的问题处理方式。

那怎样训练自我，让它更坚定呢？对此，有一种沟通技巧，叫"I Statement"，意思是"以我开头的语句"，也就是重点说自己的感受。

举例来说，假如老板要你加班，你可以说："我最近觉得太累了。我希望可以把每天的工作时间控制在 8 小时以内，这样我能保持最佳状态来工作。"

假如朋友暗示你要在聚餐的时候多出钱，你可以说："我觉得这么做有点不公平，我心里挺不舒服的，还是大家平摊比较好。"

我们不妨拿它跟"以你开头的语句"对比一下。如果以"你"开头，可能就变成了"你天天要我加班，怎么不涨工资啊""你总是不出钱，太小气了吧"，这样就很容易引起争吵。

以"我"开头的语句的好处是，它没有攻击性，它只是在告诉对方：我的感受很重要，我得照顾我自己的感受。

如果你还想更委婉、更礼貌一点，可以在表达自己的感受之前，加一句对别人理由的肯定。

比如，当你拒绝加班时，你可以说："我明白这个项目对我们团队很重要，但是我最近觉得太累了。"

当你参加聚会拒绝多出钱时，你可以说："今天大家吃饭好开心，谢谢你们邀请我来，不过我觉得让我一个人出钱有点不公平，我心里挺不舒服的。"

在具体运用的时候，还要注意以下3点。

首先，如果你只是"甩"出这么一句话，对方肯定不会放弃，很可能会继续说服你。这时候，你只要再重复刚才这句话就可以了。

你可能会想：这样做是不是不礼貌呢？我总得找点新理由来拒绝吧！其实不是的。你没有攻击对方，而且你的表达已经够礼貌了，如果对方还在那里喋喋不休，那么不礼貌的人就是他，不是你。

但是你也不要爆发脾气，只需要把自己的感受再次告诉对方就够了。这就是自我坚定的精髓：坚定而有礼貌地告诉对方你的感受和想法。在大部分情况下，对方不会再坚持下去了。

其次，你要抵挡住一种诱惑，那就是不要编一个理由挡回去。

比如，领导要你加班，你可能会说："对不起，领导，我家孩子今晚生病了，我没法加班。"那么，他下次要求你加班的时候，你该怎么办呢？总不能一直说家里人生病吧？

自我坚定最关键之处在于，坚定地相信你的感受跟别人的感受一样重要，你的感受就是拒绝别人的充分理由。

最后，需要留意一点，就是对方说服不了你的话，可能会跟你打情感牌。比如，父母会说："我们把你养到这么大，就是想早点抱个孙子，这么一点心愿你都不能满足我们吗？"对此的对策仍然是重复自己的感受。你可以说："不能你们有心愿，我就要满足你们，我也有心愿啊，你们就不能满足我吗？"

假如你读到这里，仍然觉得这些话难以说出口，那也没关系，你可以试着先从小事开始尝试。比如，聚餐时，有人点了你不喜欢的菜，你可以主动说："哎呀，我不喜欢这个菜，我们能不能换一个？"这样的要求既不伤彼此的和气，你也能锻炼说出自己感受的能力。

如果在别人"越界"的时候，你一下子说不出话，你可以用一个缓兵之计："让我稍微考虑一下好吗？"或者说："我现在心里的想法比较乱，让我先整理一下思路，好不好？"然后，你就可以用这段暂缓的时间来练习自我坚定，比如，用打好的腹稿坚定地拒绝对方。

自我坚定就是清楚地知晓自己的立场和利益，然后用一种既不带攻击性又很坚定的方式表达出来。你不需要编造理由，只要重复自己的感受，就能拒绝别人。

第二步：改变深层情感

不过，自我坚定只是给你"止血"，挡住别人的越界行为。要想从根本上解决问题，还需要找到其背后的深层情感原因。

正如前文讲过的，情感才是真正的决策者。你不敢拒绝，表面上看是理性的计算，觉得拒绝别人会有不好的后果，但其实更深层的是，你内心有一部分情感在阻碍你，可能是恐惧，可能是内疚、虚荣，让你做出了违心的决定。

这是因为，我们小时候形成的某些情感，在我们很脆弱的时候会很好地保护我们。但当我们长大成人，变得强大以后，这些情感并没有随着情境变化，这时，它们的影响往往弊大于利。

那怎么办呢？你要先觉察自己行为背后的想法和情感是什么。给你推荐一种方法，叫"想法和感受冥想"。

你可以想象自己正在一个剧场里，舞台就是你的头脑，你静静地观察舞台上出现的想法。你没有必要促使想法赶快出现，也没有必要让想法立刻消失，只需要自然地观察想法来来去去。当一个想法出现的时候，不要被它牵着鼻子走，只好奇地看着它，等着它过去。不评判，也不反驳。伴随这个想法出现的可能还会有一些感受，比如担心、害怕、内疚等。同样，不评判，静静地观察它们就好。

通过这样的方法，你就能察觉到行为背后的想法，比如"如果我更努力工作，老板和同事会更欣赏我，而不会看不起我或排斥我"。还有一些更深层的想法，比如"我需要通过对别人好，来证明我的价值"。

你可能还会觉察到自己深层的情感，而这些情感才是你行为的根源。其实，情感绑架不仅仅是别人用情感来绑架你，更需要留意的是，你可能被自己的情感绑架了。如果你没有那些对别人负面评价的恐惧、对别人付出的愧疚，那么他们说出来的话又怎么能影响到你呢？

觉察之后，你就需要对这些情感进行分析和调整。

首先当然是进行理性分析。你既要感谢这些情感在以前保护了你，也要意识到，它们现在弊大于利，让你过多地纠结于别人的期望，而压制和忽略了自己的需求。

分析的时候，你可以动笔写一写。写作是个理性的过程，能把你脑子里乱成一团的想法梳理得更清楚。你可以写跟那些绑架你的情感相关的念头，比如"老板要我去加班，我就必须得去，不然会被开除",其实是你把拒绝的后果灾难化了。

你可以一步一步地写出来:如果你这次不去加班,老板想开除你的概率是多少?恐怕至多就是50%。但就算他真的这么想,要开除你,他也要付出代价。那么,他选择付出这个代价,真的开除你,概率是多少?可能只有20%。就算你被开除了,你能找到新工作的概率是多少?就算你找不到,你的人生就完了吗?这样一步步算下来,你会发现,拒绝的后果远远没有你想象中那么可怕。这种技巧叫作"去灾难化"。

当然,仅仅用理性分析是不够的,关键还是要改变情感,否则下次当你需要做出决策的时候,理性哪怕编造理由,你的大脑也会站在情感那边。该怎么办呢?前文介绍过的很多改变情感的方法,你都可以用,比如:

用魔法打败魔法,用情感战胜情感 >> 获得魔法

增加你对自己的积极情感 >> 提高自尊

情绪正念冥想 >> 接纳消极情感

利用这些方法,你就能逐渐减少对别人评价的恐惧和对拒绝别人的愧疚。当你的这些情感改变之后,下一次别人再对你提出越界的要求时,你就会自动地产生捍卫自己的想法,继而能坚定自我、拒绝他人。

第三步：接纳

最后，我要提醒你的一点是，如果你感觉自己被情感绑架了，这是很正常的。每个人都会有一些妨碍自己的情感，它们是我们在成长过程中逐渐积累起来的。

比如，人类是一种社会性动物，天生就渴望别人的认同，害怕别人的负面评价；中国文化又特别强调人际关系、集体和谐，我们从小接受的教育是要为别人着想，只想着自己是可耻的。这些道理当然没错，但是如果强调得太多，最终会在我们心里积累出过多的恐惧和愧疚，对我们的心理健康是不利的。

不过没有关系，套用普希金的诗句就是："假如情感欺骗了你，不要悲伤，也不要心急。"人人心里都难免有一些自相矛盾、相互冲突的情感，并不是只有你如此。

哪怕你用我介绍的方法去除了一些对你不利的情感，未来你很可能仍然会发现，其他对你不利的情感又"长"出来了。如果你的情感没有处在完美状态，你也可以接纳它，因为情感本来就是在动态中成长的，它的自洽整理是一个长期的过程。

> **积极小行动**

想法和感受冥想

首先，闭上眼睛，花大约 3 分钟的时间，把注意力集中在呼吸上。正常呼吸就好，不用加快也不用放慢。假如你的注意力中途飘走并开始关注其他事情了，没关系，重新拉回到呼吸上就可以。

然后，把你的注意力转移到头脑之中。你可以想象自己退后一步，正在一个剧院里，舞台就是你的头脑，你静静地观察舞台上出现的想法。对于伴随想法出现的一些感受，如担心、害怕、内疚等，同样不评判，静静地观察就好。

假如在这个过程中你走神了，没关系，轻轻地把你的注意力重新拉回剧院，重新坐在观众席上观看即可。

冥想时间可长可短，从 10 分钟到 30 分钟都可以。当你感觉这出戏你已经看完，那些想法和感受都已经看清楚了，就可以把注意力放回呼吸上，花一两分钟关注呼吸，然后慢慢地睁开眼睛，结束冥想。

幸福重点

1. 关于情感绑架，有的是别人利用情感绑架你，有的是你自我绑架，被自己的某些情感误导了。
2. 想要训练自我坚定，可以使用一个沟通技巧——"I Statement"，即"以我开头的语句"，也就是重点说自己的感受。
3. 情感是真正的决策者。更深层的情感可能是恐惧，也可能是内疚、虚荣，让你做出了违心的决定。
4. 如果你的情感没有处在完美状态，你也可以接纳它，因为情感本来就是在动态中成长的，它的自洽整理是一个长期的过程。

09 离开：关系糟糕难解脱，怎么办

对于很多PUA式关系，你只要走开，就能摆脱它。但是对于有些关系，好像你再怎么努力都没有用。虽然对方让你无比头疼，可这段关系又偏偏绕不过去，你会感觉深受折磨。

举个例子，我有一个远房表姐，她父亲近几年病重，她一直都在病床前照顾。可是，她父亲一点也不念她的好，总是挑刺她，比如今天的饭做得有点咸、昨天买的电热毯有点"硌"。但他却不停念叨她在远方的弟弟，说："我儿子要是回来就好了，他最贴心、最孝顺了。"我这个表姐特别生气，觉得她弟弟这么多年就回来看望了父亲一次，平时也只是寄点保健品，还被父亲整天念好；

而她费心费力地服侍父亲，还被他挑刺。但是她没办法，她不能甩手不管父亲，所以非常郁闷。

在工作中，我们可能会遇到一些同事，他们好像跟你有仇似的，对你提出的每个提案都冷嘲热讽，有时还会在会议上公开贬低你。你一再反思：我也没得罪他们啊，他们为什么这样做？你私下找他们沟通，可他们仍然我行我素。最糟糕的是，你们的工作内容密切相关，每天都免不了一起开会、合作。这不仅影响了你的工作，而且你每天一进公司，还没看见对方、也没听见对方的声音，心情就开始郁闷了。

那怎么办呢？很多人觉得这种关系难以处理，其实原因在于一种非黑即白的思维，即要么是我的错，要么是对方的错。也就是说，你认为自己要么跟对方搞好关系，在家庭里和和美美，在公司里开心合作，要么就眼不见心不烦，与对方一刀两断。

但是现实世界要复杂得多，并不是非黑即白的，很可能既不是你的错，对方又绕不开。怎么办？

密歇根大学罗斯商学院的教授简·达顿（Jane Dutton）提出了一种办法，叫"心理脱钩"，就是在现实中继续与对方合作，但是在心理上脱钩了，不再为对方以及你们的关系所困扰，也就是眼见心也不烦。这样，你既能把对方带给你的心理影响降到最小，也能更好地完成工作。

具体怎么做呢？一共有3步。

第一步：写一封心理脱钩信

第一步，承认这段关系失败了，做好心理脱钩的决定，最好的办法就是给自己写一封信。这封信该怎样写呢？

首先，你可以描述一下当前的状况，包括你的心情感受。对于这个部分，你可以借鉴前文介绍的表达性写作的写法。

然后，进入关键部分，承认这段关系维系不下去了，在对方做出改变之前，你不打算再改变了。

比如，我的那个远房表姐可以这样说："现在看来，我需要接受一个事实：我改变不了我父亲的行为和态度。我承认，对于这段关系，我已经无能为力了。但是在客观上，我又脱离不了这段关系。它已经成了我生活中的一个障碍，让我既郁闷、委屈，又愤怒、难过。我要面对这个现实。我决定跟他心理脱钩：照顾他这件事情我会继续做，但是我在心里已经放弃了这段关系，除非他有所改变，否则我不再想着要修复跟他的关系，也不再让这段关系困扰我。这是保护我自己最好的办法。"

写这样一封信，有 3 个好处。

一，你给了自己一个承诺。著名心理学家罗伯特·西奥迪尼（Robert Cialdini）在《影响力》（*Influence, New and Expanded*）一书中解释过"承诺和一致原理"：一旦你对自己做出承诺，你就更可能按照这个承诺的方向去做。

心理脱钩并不是一件容易的事情。很可能明天对方责怪你的时候，你心里一股怒火又上来了，把东西一放，先跟他吵一架再说；或者心里又开始责备自己：我今天哪句话又惹他生气了？写信就是通过营造一种仪式感，把这个承诺变得更加正式，明确告诉自己：我虽然仍然跟他保持往来，但是在心理上不再被他困扰了。这样，你就能更加平静地处理跟他的互动。

二，写作本身就可以帮我们理顺情绪和思路。

一方面，把情绪表达出来，情绪就能得到缓解。另一方面，写作本身是一个需要理性的过程，你写着写着，就能更清晰地理解自己，并明确自己的需求和目标。同时，这也会让接下来的心理脱钩流程更加顺利。

三，你给自己设定了明确的边界，并不是说你要彻底否定对方，如果他能改变，你仍然可以考虑重建与他的关系，只是你不再做无谓的努力了。

所以，承认这段关系没救了，完成这一步非常重要。它是整个心理脱钩行动的基础。用达顿教授的比喻就是，"你穿上了一件心理盔甲"。从此以后，对方对你的敌意不但不能伤害你，还能帮助你历练出更多的力量。

第二步：拉开心理距离

不过，仅仅承认关系失败还不够，因为你仍然需要在日常工作中经常面对对方。那怎样才能在心理上真正脱钩呢？这就需要进入第二步：有意识地和这个人、这段关系以及他出现的场景拉开心理距离。

具体怎么做呢？首先你要真正降低对这个人、这段关系的预期。仅仅是脑子想想还不够，你还要把它内化。

比如对于前面我提到的远房表姐，我就建议她："你就不要用一般的父女关系去要求你爸了，你就想：他就是这样的人，我每天的预期就是，我爸今天又要挑我的刺了，我爸今天又要说我不如我弟了。这样一来，如果他确实说了，那很正常，伤害不到你，但如果他竟然没有说，或者甚至夸你今天的饭做得好吃，那你就会喜出望外了。"

后来，她试了试，还真有效。她告诉我："现在我发现，我爸也没有那么可恶，偶尔还是会表扬我的。"

在家里如此，在工作中也一样，如果你降低了对讨厌的同事的期望，他指责你、给你捣乱，是在你的意料之中；如果他配合了，那就是意外之喜。这样，至少你的情绪不会被他破坏。降低了对他的期望之后，你的心态会平静很多，这时你就可以退后一步，转换视角看他这个人、这段关系。

怎么做呢？达顿教授提了两个技巧：一个是严肃的技巧，一个是幽默的技巧。

严肃的技巧是，从更长的时间维度上去看待事情，并看到这段关系能让自己成长。比如，下一次对方再挑衅的时候，你可以默默地告诉自己"又到了可以提升我耐心的时候了"或"我又可以来锻炼我的应对能力了"。还可以这样想："再过3年，我跟他肯定就不会再在同一个部门了，目前这个可恶的场景，只不过是为我未来的发展所做的准备。"

幽默的技巧就更好玩了。比如，你可以直接想象自己身上正穿着一套盔甲，对方费了半天劲想打击你、激怒你，结果你毫发无伤。你还可以把对方想成一个滑稽角色，比如什么都不懂却总是唧唧歪歪的猪八戒。这样他对你的心理伤害就会少很多，你也就不再生气，反而觉得他好笑了。

我有一个朋友，他的境界更高了：他把所有给他制造困难的人和事都看成上天派来磨炼自己的。所以，他暗中给那些跟他关系差、很难相处的同事取了外号，比如"张三菩萨""李四尊者"。他会开玩笑地说："佛教说要戒贪嗔痴，张三菩萨是来管我的贪的，李四尊者是来治我的嗔的。"你看，这就是把严肃的转换视角技巧和幽默的人物想象技巧结合到一起了。

第三步：转移注意力

在降低期望、转换视角之后，你的心理困扰可能已经缓解不少了，接下来，我再介绍第三步，那就是转移注意力，更加关注那些支持你的人、滋养你的关系，从而降低有毒的关系对你的重要程度。

达顿教授举了她女儿艾米丽的例子。艾米丽的某个老师自大又粗暴，但又换不掉他，怎么办？艾米丽就更多地关注其他老师给自己的正面评价，关注自己在其他项目里取得的好成绩，并且告诉自己："虽然这个老师总是批评我笨，但我并不笨，其他老师都说我有天赋，是个好学生。"就这样，她成功地度过了那段艰难的时光。

读到这里，你可能会有疑问：这些拉开心理距离的方法是不是有些精神胜利法的意味啊？我明明跟这个人脱不开关系，拉开心理距离又有什么用？他对我就是很重要啊！

加拿大卡尔加里大学的杰拉德·吉斯布莱希特（Gerald Giesbrecht）等人总结过拉开心理距离的好处，发现它能同时促进人的情绪调节和行为表现。

在有毒的关系里，最难的并不是你在现实中怎样理性地处理事情，而是这些关系给你带来的情绪冲击。这不仅让你心里难过，还会影响你的决策判断，让你在一怒之下做出不理性的事情。所以，拉开心理距离之后，你将不再受情绪的困扰，自然也就能把事情做得更好了。

加强版方法

最后，再介绍一种加强版方法，它的效果更好，那就是把第三步和第一步结合起来使用——在决定要心理脱钩的信里加上一部分对未来的展望。

一方面，你可以描述一下心理脱钩的好处，以便给自己坚持心理脱钩的动力，比如"我可以更加专注于我的生活，我会成为一个更强大、更有能力的人"。

另一方面，写下你怎样才能做到心理脱钩。比如，"我对他的期望已经调低到了哪里""我会采用什么样的新视角来看待这个人、这段关系""我以后可以更加重点地关注哪些好的关系"。

心理脱钩信一半的作用发生在你写的那一刻，另一半的作用在于，如果将来你又被这个人气得半死，你可以拿出这封信，提醒自己还有这些策略可以采取。

> **积极小行动**

给自己写一封心理脱钩信

假如你确实被痛苦又难以解脱的关系所困扰，那就可以给自己写一封心理脱钩信。如果你没有这样的问题，那你可以把这种方法推荐给其他可能有需要的朋友。

> **幸福重点**

1. 面对有毒的关系，可以采用心理脱钩：在现实中继续与对方合作，但在心理上不再为这个人、这段关系所困扰。

2. 第一步，写一封心理脱钩信，承认这段关系已经没救了；第二步，拉开心理距离，转换视角看这个人、这段关系；第三步，把更多的注意力转移到好的关系上。

3. 升级版方法：在决定要心理脱钩的信里，加上一部分对未来的展望。

10
坚持：半途而废没毅力，怎么办

本章的最后一篇内容，我想讨论一个让很多人都感到头疼的问题：做一件事情，好像总是"靡不有初，鲜克有终"——开始的时候决心很大，却坚持不下来，虎头蛇尾。那怎样才能提升毅力呢？

这其实是心理学自助领域一个长盛不衰的议题，对此，你有可能早就学过或正在实践很多方法了，比如SMART目标制定法、"微习惯"法、"行为清单"法，等等。不过，我想从积极心理学研究出发，带你换一个视角来看待这个问题。

坚毅与激情

做事情有毅力、能够坚持到底，它对应的美德就是坚毅。

我在宾夕法尼亚大学的一位老师叫安吉拉·达科沃斯（Angela Duckworth），她是研究坚毅的专家。看名字，你可能以为她是西方人，其实她是华裔，中文名叫李惠安。

有一次我直接问她："安吉拉，你研究坚毅，是不是因为你是华裔？我们中国人确实可以算是世界上的坚毅冠军了。"

她哈哈大笑："我承认中国人特别能坚持，但坚毅可不仅仅是能坚持，它还需要有激情。"

后来，她写了一本书叫《坚毅》，副标题就是"激情和坚持的力量"（*Grit: The Power of Passion and Perseverance*）——你看，她把"激情"放在"坚持"的前面。

为什么激情那么重要呢？安吉拉解释说，"做事"和"坚持做一件事"并不一样。"做事"只要有动机就行，甚至他主动机在短期内更有效。但是要长期坚持做一件事情，只能靠自主动机。也就是，只有你自己享受、喜欢某件事情，或者看到了某件事情的价值和意义，你才能坚持下去。

她拿自己举了个例子。她成立了一间"品格实验室"，专门研究如何提升孩子的品格，因此，她需要做很多跟学术研究无关的事情，比如接受采访、回复邮件。有时候，她在处理这些事情时会感到很烦躁。

那怎么办呢？她就问自己：我为什么要做这些事情？因为我要支持品格实验室的运行。为什么我要支持品格实验室的运行？因为这就是我的人生理想，我特别希望能够帮助孩子们更好地成长。

当她把那些烦琐的、她不那么喜欢的工作跟自己最大的激情联系到一起之后，她就不再拖延或抗拒，而是坚持把它们做好。

我想为你介绍的提升毅力的第一种方法，就来自安吉拉：从价值意义的角度入手，看到事情的大目标。

比如，你想健身却坚持不下去，就可以问自己：我为什么要健身？可能是为了提升自己的吸引力，也可能是想让身体更健康一些。再比如，背单词背到abandon就放弃了，你也可以问自己：我为什么要学英语？可能是为了增强自己的综合工作能力，将来实现更大的价值。

总之，当你遇到事情却因为懒散而不想做的时候，不要先忙着逼自己做事，反而可以慢下来，思考一下：我为什么一定要做这件事？它背后有什么样的目标？这个目标背后是否存在更大的目标？由此不断深挖，你会一直追寻到自己做这件事的自主动机。然后，你就可以把这个大目标写下来，贴在健身器材旁边或英语书的封面上，来增加自己的自主动机。

"聪明"的坚毅

当然还有一种可能性，就是你在仔细思考之后发现，你想做的这件事无法跟任何人生大目标挂钩，而且你也没有特别享受。也就是说，对于这件事，你根本就没有自主动机的激情。对此，那又该怎样坚持呢？

安吉拉的回答是，别坚持了。她给出的理由是，坚毅并不意味着永不放弃，反而应该把精力放在"咬紧"那个最重要的大目标上。如果有些事情跟你最重要的大目标不符，那就应该放弃。

这个观点和提出成长型思维的卡罗尔·德韦克的理念不谋而合。德韦克通过研究发现，成长型思维更高的人，会在那些有价值的目标上坚持，但是对于没有太大价值的目标，他们的灵活性更高，反而会比固定型思维的人更快地转移轨道，而不是在一条路上走到黑。也就是说，真正的成长型思维带来的是"聪明"的坚持，而不是"无脑"的坚持。

这背后的原因仍然在于动机。我在清华大学做的研究发现，成长型思维比较强的人有更好的自主动机，他们做事情更多的是出于激情，因此更坚毅。

那么，如果碰到一件事，你坚持不下去了，你要怎样判断该不该继续呢？对此，我建议你画一个坐标图（图3-2）。

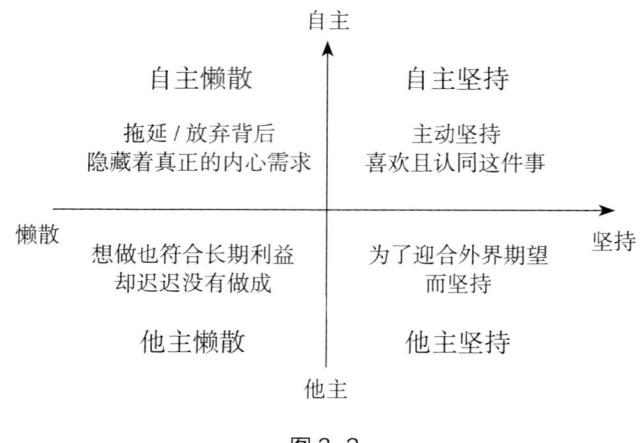

```
                    自主
                     ↑
     自主懒散         │        自主坚持
   拖延/放弃背后      │         主动坚持
 隐藏着真正的内心需求  │       喜欢且认同这件事
                     │
 懒散 ────────────────┼──────────────── 坚持
                     │
   想做也符合长期利益  │       为了迎合外界期望
      却迟迟没有做成   │           而坚持
                     │
     他主懒散         │        他主坚持
                     │
                    他主
```

图 3-2

图 3-2 中的横坐标代表坚持和懒散的行为维度，纵坐标代表自主和他主的动机维度。这样，就可以划分出 4 种情况。

第一种，自主坚持。你坚持是因为你喜欢并认同某一件事，这当然是最好的状态。

第二种，他主坚持。你处于他主动机控制之下，为了迎合外界的期望才坚持做某一件事。

我上大学的时候，特别喜欢一位美国女歌手——凯伦·卡朋特（Karen Carpenter）。可是我一查才发现，她早就去世了，死因是厌食症，她从高中就开始节食。其实，她的身材是很健康、美丽的，但是在当时那种可以说是畸形病态的、以过分的瘦为美的流行文化的影响之下，卡朋特一直节食，最终患上了厌食症，在 32 岁时就因为心脏衰竭而英年早逝了。

卡朋特在节食这件事情上的确有足够的毅力，但这种坚持害死了她。这种他主坚持还不如不坚持。

第三种，自主懒散。对某一件事，你总是提不起劲头，常常拖延。其实这种懒散背后，隐藏的是你真正的内心需求。

举个例子，我大学一开始学的专业是化学，但是每次看化学书、做化学作业，我总是无精打采、能拖则拖，而做数学、物理以及计算机作业的时候，我却精神十足。我意识到，化学并不适合我，于是我转学计算机。之后，我的专业课成绩就好多了，我自己也开心了许多。

同理，假如你在谈恋爱，可是每次要去见对方的时候，你总会拖延、找理由不想去，这其实是你的内心在提醒你：对方并不适合你；或者你在节食减肥，却很难坚持下去，这很可能就是你的身体在提醒你：减肥并不符合你的长期利益。在这种情况下，放弃这段关系或停止节食，也许更符合你的自主动机。

第四种，他主懒散。也就是说，你其实是想去做某件事情的，它也符合你的长期利益，你却没有做成，甚至放弃了。这并不是因为你不够坚持，而可能是因为其他原因，比如这件事太难了，或者你被其他事情分散了精力。

这种情况才真正需要你加强毅力，对此，你可以采取的方法有很多。

你可以探索这件事的价值和意义，或者梳理自己的情绪，找到自己拖延的原因。比如，可能是你对这件事有害怕、畏惧的消极情绪，或者缺少热爱、激情这样的积极情感。你可以用前文介绍过的情绪管理方法，接纳并调节这些消极情绪；你也可以利用心流构建的原理，调整任务的难度，让你能获得即时的反馈，从而更加喜欢做这件事。

借助别人的力量

除了上述方法，我想再介绍一种可能会让你感到比较意外的锻炼坚毅的方法，那就是：借助别人的力量。

安吉拉即将出版一本新书，叫 *Easier*，讲的是如何利用环境来提升自己的坚毅。我一开始以为她指的是改变物理环境的设置，比如，要背单词，就把单词书放在触手可及的桌旁；要健身，就每天下班后故意走过有人在锻炼的健身房。但是她告诉我，不仅如此，其实还要利用人际环境。

安吉拉的解释是：一般人会觉得，坚毅就是一个人苦苦坚持。但其实，坚毅的人更依赖于别人。展开来说，主要有 3 大方面。

第一方面，向那些更有经验的人寻求帮助。比如你可以请教别人："这个障碍太难了，我好像怎么都克服不了，你是怎么坚持下去的？"你也可以向别人直接要资源，比如体育锻炼的设备、学英语的课本，又或者请人介绍你加入某些俱乐部，等等。

如果你在做任务时反复遭遇挫折，你就更可能会放弃。有了别人的帮助，你就更能克服困难。有了逐步提升，你就容易进入心流通道，更有可能坚持下去了。

第二方面，帮助不一定是来自比你更厉害的人，同伴之间的相互依赖也很重要。

我在清华大学积极心理学中心组织过一个运动打卡群。群成员会在群里一起分享信息，交流在运动时遇到的困难，讨论怎样才能坚持下去，以及相互给反馈。

这种做法为什么有用呢？一方面，经常获得反馈有助于打造心流体验。另一方面，我们在做事的时候常常陷入当局者迷的情况，一旦钻了牛角尖，就想要放弃，但在别人看来，这可能是比较容易克服的障碍，只要他人的一句话就能点醒你。

此外，我们还会在群里相互打气，并且用每天"打卡"的方法监督每个人坚持运动。当然，"打卡"这种机制的动机来自担心别人的看法，并不是那么自主。但是，我们可以先用他主动机使自己行动起来，再慢慢地把它转化成自主动机。比如，这个群就帮我养成了运动的习惯，哪怕后来群解散了，我仍然会继续坚持运动，因为现在我已经享受运动了。

第三方面，在所有人际支持中，最重要的支持来自亲朋好友。他们也许并不会陪伴你一起去做某些事情，但是他们的态度会极大地影响你能坚持多久。如果他们的态度是支持你、鼓励你的，你就相当于有了坚实的后盾，他们能够支撑你打持久战，帮你克服过程中的压力、倦怠和焦虑。

总之，用安吉拉的话说，一定不要以为坚毅就意味着一个人就能掌控一切，坚毅的人会想办法减少自己做某件事的难度，这样才更有可能坚持下去。这也是她新书书名的含义：我们的目标不是克服困难以展示我们的坚毅，而是减少困难以便把事情做成。

安吉拉还建议："发展关系，向对方展示自己脆弱的一面，告诉别人哪些事情是你做不到的，然后在别人的支持下找到完成任务的方法。"

在向别人展示脆弱的过程中，你可能还会发现，你正在完成的目标并不是你内心真正的需求。也就是说，与人交流可以帮助你梳理清楚头脑里杂乱的念头，让你把精力集中在你真正有激情的事情上。

积极小行动

借助他人力量提升坚毅

我要推荐给你的行动，其实就是实践第三种方法：请看看对于你目前正在坚持的那件事情，有哪些方面是可以借用别人的力量，来帮助你更好地坚持的。

幸福重点

1. 坚毅不仅仅是能坚持,它还需要有激情。要想长时间地坚持做一件事,必须依靠自主动机。
2. 坚持也需要聪明。对于那些出于他主动机,从长期来看会损害我们利益的事情,就应该放弃。
3. 坚毅的人更依赖于别人,获得他人的帮助更有利于坚持。
4. 我们的目标不是克服困难以展示我们的坚毅,而是减少困难以便把事情做成。

结语

再也没有任何人可以"绑架"你

一转眼,这本书就走到了尾声。在这本书里,我为你介绍了很多心理学知识及其背后的脑科学原理,还有很多行动指南。最后,我想更加感性地跟你谈一谈我写这本书的初衷,以及我希望你看完这本书后能获得的效果。

李白有诗"人生得意须尽欢",但是这几年,通过对积极心理学的学习和实践,我越来越觉得,其实应该是"人生尽欢须得意"。

想要拿回你的人生主动权,活出幸福、蓬勃的人生,你需要得到3个"意"——意识、意志和意义。而这本书正是按照这个框架展开的。

意识

先来看意识，也就是通过了解各种心理现象的规律，意识到自己的心理是怎么回事，意识到自己的性格以及过往经历对自己的影响，进而觉察自己此刻的想法和感受。

意识是为了给大脑建立准确的模型，并且知晓模型当下运行的参数。一个人如果对自己的认识是模糊的，对脑子里的念头、心里的感受、身体的状态都是懵懵懂懂的，那他的人生主动权当然不会在自己手里。

所以，古希腊人把"认识你自己"这句话刻在了他们最重要的阿波罗神庙上。老子则说："知人者智，自知者明。"古印度哲人则提出了各种能够帮助我们觉察内心的方法。这些都是为了增加我们的意识，帮助我们摆脱浑浑噩噩的状态。

这也是这本书的第一个目标，即帮助你了解积极心理学的知识，以及如何通过正念等方法，来觉察和接纳自己的情绪、念头和整个自我。

要知道，正念的好处不仅仅是减少焦虑、平复心情，更重要的是，在觉察并接纳当下的想法和感受之后，你能够觉察到它们对你的情绪、决策和行动的潜在影响。打个比方，人心好像一杯浑水，你必须等它静下来，让水里的沙土沉淀下来，才能看到水的本来面目，也就是真正地意识到自己的内心是什么、想要什么。

意志

真正意识到自己的内心是什么、想要什么之后，就可以进入第二个"意"——意志，即做出选择，采取行动。

对于意志，一方面是个人的选择和决策，另一方面是把决策贯彻到底的毅力。一个人的选择、决策自然跟其内心深处的动机有关。

经过前面的学习，你肯定已经知道，毅力的关键在于激情，也是一种自主动机。因此，无论是选择和决策，还是把决策贯彻到底的毅力，关键在于你的自主动机。

其实，我在这本书里反复引用的自我决定理论，英文是 Self-Determination Theory，而 determination 本身就有"意志"的意思，所以它其实也可以翻译为"自我意志理论"。这个理论其实就是在说，人为什么去做事以及怎样做才能促进自身的根本利益。

我的主张是，在安全的情况下，你应该尽量选择更自主的动机，它能让你更长期地坚持做好一件事情。更重要的是，它来自你内心的真正需求，你只有选择了它，才能拿回人生主动权，实现蓬勃人生。

孔子有言："三军可夺帅也，匹夫不可夺志也。"当你坚持内心的志向，并选择自己认同且喜欢的事情时，你自然会获得强大的意志。

当然，你也不要被孔子的这句话吓住。我们在引用"匹夫不可夺志"这句话的时候，主人公一般都是已经被敌人绑起来，要受严刑拷打了，好像必须是改天换地的大志向才配叫作自主动机。

其实，孔子在让弟子各言其志的时候，他最推崇的并不是宏图大业，而是"浴乎沂，风乎舞雩，咏而归"，即在暮春时节，到河里洗澡、吹风、吟诗唱歌。这也是我一直强调的，喜欢一件事情是最纯粹的自主动机。

意义

当你有了充分清醒的意识，并且按照自己内心真正的意志去行动的时候，你也就能活出人生的意义。

人生的意义在本质上就是你的大脑构建出来的元模型，它是对你人生所有现象的概括。意识为这套模型奠定了基础，意志为它指明了方向，而意义则是对它的总诠释。

当然，这个过程也需要理性的参与。为了破除人们常有的认知偏差，我会特别强调行动和情感的重要性。但是别忘了，在"情感用事"之前，还有一句"理性思考"。虽然我会在"知而不行，是为不知"后面加一句"不知而行，其实已知"，但是最好的境界仍然是"知行合一"。情感和行动为大脑的模型提供了大量素材，但是最终仍然需要理性的思考，在认知上把它们整合成一个元模型。

通过以上这些内容，你可能会发现，我描述的积极心理学好像和别人描述的不一样。我并没有局限于经典的积极心理学范畴，而是围绕一个主题把心理学知识进行了重新组织，这个主题就是"拿回你的人生主动权"。其实，这也是对本书书名的另一种解读。"不管，我就是要幸福"背后有一种态度，那就是你的人生，你可以说了算！

我希望提供的是这样一种方法论：先让你意识到关于人生的学问和你自己当前的状态，再帮助你培育出自主行动的意志，最终让你每时每刻都活在意义感之中。这样的人生完全出于你自己的定义。

当然，仅仅读过这本书，你的人生并不会自动地变得美好。你仍然可能经历艰难困苦，你仍然会发现这个世界除了真、善、美，还有很多假、恶、丑。

这其实也没关系，就像罗曼·罗兰（Romain Rouand）说过："世界上只有一种真正的英雄主义，就是在认清生活的真相之后依然热爱生活。"艰难困苦以及假、恶、丑，只能是人生的背景，而不应该是人生的主题。

自主地去行动，才是拿回了自己的人生主动权。你不一定会变得更有钱、更有地位，但是它会让你从此有意识、有意志、有意义地去生活，再也没有任何人可以绑架你。

赵昱鲲

参考文献

>>> 第一章

01

Maslow, A. H. (1954). Motivation and Personality. New York: Harper and Row.

Seligman, M. E., & Csikszentmihalyi, M. (2000). Positive psychology: An introduction. *American Psychological*, 55 (1), 5-14.

Seligman, M. E. (2002). Authentic happiness: Using the new positive psychology to realize your potential for lasting fulfillment. Simon and Schuster.

Seligman, M. E. (2011). Flourish: A visionary new understanding of happiness and well-being. Simon and Schuster.

02

Seligman, M. E., Railton, P., Baumeister, R. F., & Sripada, C. (2016). Homo Prospectus. Oxford University Press.

Tedeschi, R. G., & Calhoun, L. G. (2004). "Posttraumatic growth: conceptual foundations and empirical evidence". *Psychological*

Inquiry, 15 (1), 1-18.

Wu, X., Kaminga, A. C., Dai, W., Deng, J., Wang, Z., Pan, X., & Liu, A. (2019). The prevalence of moderate-to-high posttraumatic growth: A systematic review and meta-analysis. *Journal of Affective Disorders*, 243, 408-415.

Clark, A. (2015). Surfing uncertainty: Prediction, action, and the embodied mind. Oxford University Press.

03

Seligman, M. (2021). Agency in greco-roman philosophy. *The Journal of Positive Psychology*, 16(1), 1-10.

Zhao, Y., Seligman, M., Peng, K., Ye, L., Liang, C., Wang, H., & Gao, H. (2022). Agency in ancient China. *The Journal of Positive Psychology*, 17(4), 457-471.

Dobson, K. S., Hollon, S. D., Dimidjian, S., Schmaling, K. B., Kohlenberg, R. J., Gallop, R. J., ... & Jacobson, N. S. (2008). Randomized trial of behavioral activation, cognitive therapy, and antidepressant medication in the prevention of relapse and recurrence in major depression. *Journal of Consulting and Clinical Psychology*, 76(3), 468.

Dimidjian, S., Hollon, S. D., Dobson, K. S., Schmaling, K. B.,

Kohlenberg, R. J., Addis, M. E., ... & Jacobson, N. S. (2006). Randomized trial of behavioral activation, cognitive therapy, and antidepressant medication in the acute treatment of adults with major depression. *Journal of Consulting and Clinical Psychology*, 74(4), 658.

04

Greene, J. D., & Seligman, M. E. (Eds.) (2016). Positive Neuroscience. Oxford University Press.

Lieberman, D. Z., & Long, M. E. (2018). The Molecule of More: How a Single Chemical in Your Brain Drives Love, Sex, and Creativity--and Will Determine the Fate of the Human Race. BenBella Books.

Kosfeld, M., Heinrichs, M., Zak, P. J., Fischbacher, U., & Fehr, E. (2005). Oxytocin increases trust in humans. *Nature,* 435(7042), 673-676.

05

Danner, F. W., & Lonky, E. (1981). A cognitive-developmental approach to the effects of rewards on intrinsic motivation. *Child Development*, 1043-1052.

Dawkins, R. (2016). The selfish gene. Oxford university press.

Trivers, R. L. (1971). The evolution of reciprocal altruism. *The Quarterly Review of Biology*, 46(1), 35-57.

Wright, R. (1995). The moral animal: Why we are, the way we are: The new science of evolutionary psychology. Vintage.

Nesse, R. M. (1990). Evolutionary explanations of emotions. *Human Nature*, 1, 261-289.

>>> 第二章

01

Danner, F. W., & Lonky, E. (1981). A cognitive-developmental approach to the effects of rewards on intrinsic motivation. *Child Development*, 1043-1052.

Dawkins, R. (2016). The selfish gene. Oxford university press.

Trivers, R. L. (1971). The evolution of reciprocal altruism. *The Quarterly Review of Biology*, 46(1), 35-57.

Wright, R. (1995). The moral animal: Why we are, the way we are: The new science of evolutionary psychology. Vintage.

Nesse, R. M. (1990). Evolutionary explanations of emotions. *Human Nature*, 1, 261-289.

02

Danner, D. D., Snowdon, D. A., & Friesen, W. V. (2001). Positive emotions in early life and longevity: Findings from the nun study. *Journal of Personality and Social Psychology*, 80(5), 804.

Tugade, M. M., & Fredrickson, B. L. (2007). Regulation of positive emotions: Emotion regulation strategies that promote resilience. *Journal of Happiness Studies*, 8, 311-333.

Fredrickson, B. L., & Branigan, C. (2005). Positive emotions broaden the scope of attention and thought-action repertoires. *Cognition & Emotion*, 19(3), 313-332.

Isen, A. M., Daubman, K. A., & Nowicki, G. P. (1987). Positive affect facilitates creative problem solving. *Journal of Personality and Social Psychology*, 52(6), 1122.

Isen, A. M., & Levin, P. F. (1972). Effect of feeling good on helping: Cookies and kindness. *Journal of Personality and Social Psychology*, 21(3), 384.

03

Harkness, K., Sabbagh, M., Jacobson, J., Chowdrey, N., & Chen, T. (2005). Enhanced accuracy of mental state decoding in dysphoric college students. *Cognition & Emotion*, 19(7), 999-1025.

05

LeMoyne, T., & Buchanan, T. (2011). Does "hovering" matter? Helicopter parenting and its effect on well-being. *Sociological Spectrum*, 31(4), 399-418.

van Ingen, D. J., Freiheit, S. R., Steinfeldt, J. A., Moore, L. L., Wimer, D. J., Knutt, A. D., ... & Roberts, A. (2015). Helicopter parenting: The effect of an overbearing caregiving style on peer attachment and self-efficacy. *Journal of College Counseling*, 18(1), 7-20.

Schiffrin, H. H., Liss, M., Miles-McLean, H., Geary, K. A., Erchull, M. J., & Tashner, T. (2014). Helping or hovering? The effects of helicopter parenting on college students' well-being. *Journal of Child and Family Studies*, 23, 548-557.

06

Deci, E. L., & Ryan, R. M. (2008). Self-determination theory: A macrotheory of human motivation, development, and health. *Canadian Psychology/Psychologie Canadienne*, 49(3), 182.

Ryan, R. M., & Deci, E. L. (2000). Intrinsic and extrinsic motivations: Classic definitions and new directions. *Contemporary Educational Psychology*, 25(1), 54-67.

07

Deci, E. L. (1971). Effects of externally mediated rewards on intrinsic motivation. *Journal of Personality and Social Psychology*, 18(1), 105.

Grant, A. M., Campbell, E. M., Chen, G., Cottone, K., Lapedis, D., & Lee, K. (2007). Impact and the art of motivation maintenance: The effects of contact with beneficiaries on persistence behavior. *Organizational Behavior and Human Decision Processes*, 103(1), 53-67.

Grant, A. M., & Hofmann, D. A. (2011). It's not all about me: Motivating hand hygiene among health care professionals by focusing on patients. *Psychological Science*, 22(12), 1494-1499.

Wrzesniewski, A., McCauley, C., Rozin, P., & Schwartz, B. (1997). Jobs, careers, and callings: People's relations to their work. *Journal of Research in Personality*, 31(1), 21-33.

08

Mueller, C. M., & Dweck, C. S. (1998). Praise for intelligence can undermine children's motivation and performance. *Journal of Personality and Social Psychology*, 75(1), 33.

Yeager, D. S., Hanselman, P., Walton, G. M., Murray, J. S., Crosnoe,

R., Muller, C., ... & Dweck, C. S. (2019). A national experiment reveals where a growth mindset improves achievement. *Nature*, 573(7774), 364-369.

Yeager, D. S., Bryan, C. J., Gross, J. J., Murray, J. S., Krettek Cobb, D., HF Santos, P., ... & Jamieson, J. P. (2022). A synergistic mindsets intervention protects adolescents from stress. *Nature*, 607(7919), 512-520.

Dweck, C. (2015). Carol Dweck revisits the growth mindset. *Education Week*, 35(5), 20-24.

Haimovitz, K., & Dweck, C. S. (2016). What predicts children's fixed and growth intelligence mind-sets? Not their parents' views of intelligence but their parents' views of failure. *Psychological Science*, 27(6), 859-869.

Zhao, Y., Huang, Z., Wu, Y., & Peng, K. (2023). Autonomy matters: Influences of causality orientations on Chinese adolescents' growth mindset. *Journal of Pacific Rim Psychology*, 17: 183449092311574.

09

Baumeister, R. F., Campbell, J. D., Krueger, J. I., & Vohs, K. D. (2003). Does high self-esteem cause better performance, interpersonal success, happiness, or healthier lifestyles?. *Psychological Science in he Public Interest*, 4(1), 1-44.

Kernis, M. H., Lakey, C. E., & Heppner, W. L. (2008). Secure versus fragile high self-esteem as a predictor of verbal defensiveness: Converging findings across three different markers. *Journal of Personality*, 76(3), 477-512.

André, C., & Lelord, F. (2011). L'estime de soi: S' aimer pour mieux vivre avec les autres. Odile Jacob.

James, W. (1890). The Principles of Psychology, 2, 94.

10

Council, C. L. (2002). Building the high performance workforce. A quantitative analysis of the effectiveness of performance management strategies. Washington, DC.

Clifton, D. O., & Harter, J. K. (2003). Investing in strengths. Positive organizational scholarship: Foundations of a new discipline, 111-121.

Waters, L. (2015). The relationship between strength-based parenting with children's stress levels and strength-based coping approaches. *Psychology*, 6(06), 689.

Linley, P. A., Nielsen, K. M., Gillett, R., & Biswas-Diener, R. (2010). Using signature strengths in pursuit of goals: Effects on goal progress, need satisfaction, and well-being, and implications for coaching psychologists. *International Coaching Psychology Review*, 5(1), 6-15.

11

Diener, E., & Seligman, M.E.P. (2002).Very happy people. *Psychological Science*, 13, 80–83.

Markus, H. R., & Kitayama, S. (1991). Culture and the self: Implications for cognition, emotion, and motivation. *Psychological Review*, 98(2), 224.

Kagitcibasi, C. (2005). Autonomy and relatedness in cultural context: Implications for self and family. *Journal of Cross-Cultural Psychology,* 36(4), 403-422.

12

Csikszentmihalyi, M. (1990). Flow: The psychology of optimal experience. Harper & Row.

13

Rokeach, M. (1967). Rokeach value survey. The nature of human values.

Schwartz, S. H. (2012). An overview of the Schwartz theory of basic values. *Online Readings in Psychology and Culture*, 2(1), 11.

Kasser, T., & Ryan, R. M. (1996). Further examining the American dream: Differential correlates of intrinsic and extrinsic goals. *Personality and Social Psychology Bulletin,* 22(3), 280-287.

Lekes, N., Gingras, I., Philippe, F. L., Koestner, R., & Fang, J. (2010). Parental autonomy-support, intrinsic life goals, and well-being among adolescents in China and North America. *Journal of Youth and Adolescence*, 39, 858-869.

14

Haidt, J. (2001). The emotional dog and its rational tail: A social intuitionist approach to moral judgment. *Psychological Review,* 108(4), 814.

Schnall, S., Haidt, J., Clore, G. L., & Jordan, A. H. (2008). Disgust as embodied moral judgment. *Personality and Social Psychology Bulletin*, 34(8), 1096-1109.

Batson, C. D., Engel, C. L., & Fridell, S. R. (1999). Value judgments: Testing the somatic-marker hypothesis using false physiological feedback. *Personality and Social Psychology Bulletin*, 25(8), 1021-1032.

Inglehart, R., & Welzel, C. (2005). Modernization, cultural change, and democracy: The human development sequence. Cambridge University Press.

15

Martela, F., & Steger, M. F. (2016). The three meanings of meaning in life: Distinguishing coherence, purpose, and significance. *The Journal of Positive Psychology*, 11(5), 531-545.

>>> 第三章

01

Schachter, S., & Singer, J. (1962). Cognitive, social, and physiological determinants of emotional state. *Psychological Review*, 69(5), 379.

Brooks, A. W. (2014). Get excited: Reappraising pre-performance anxiety as excitement. *Journal of Experimental Psychology General*, 143(3), 1144.

Brady, S. T., Hard, B. M., & Gross, J. J. (2018). Reappraising test anxiety increases academic performance of first-year college students. *Journal of Educational Psychology*, 110(3), 395.

Yeager, D. S., Bryan, C. J., Gross, J. J., Murray, J. S., Krettek Cobb, D., HF Santos, P., ... & Jamieson, J. P. (2022). A synergistic mindsets intervention protects adolescents from stress. *Nature*, 607(7919), 512-520.

02

Oppezzo, M., & Schwartz, D. L. (2014). Give your ideas some legs: the positive effect of walking on creative thinking. *Journal of Experimental Psychology: Learning, Memory, and Cognition*, 40(4), 1142.

Miller, J. C., & Krizan, Z. (2016). Walking facilitates positive affect (even when expecting the opposite). *Emotion*, 16(5), 775.

Bratman, G. N., Hamilton, J. P., Hahn, K. S., Daily, G. C., & Gross, J. J. (2015). Nature experience reduces rumination and subgenual prefrontal cortex activation. *Proceedings of the National Academy of Sciences*, 112(28), 8567-8572.

Berman, M. G., Kross, E., Krpan, K. M., Askren, M. K., Burson, A., Deldin, P. J., ... & Jonides, J. (2012). Interacting with nature improves cognition and affect for individuals with depression. *Journal of Affective Disorders*, 140(3), 300-305.

Zhao, Y., Yu, F., Jing, B., Hu, X., Luo, A., & Peng, K. (2019). An analysis of well-being determinants at the city level in China using big data. *Social Indicators Research*, 143, 973-994.

04

Fultz, N. E., Bonmassar, G., Setsompop, K., Stickgold, R. A., Rosen, B. R., Polimeni, J. R., & Lewis, L. D. (2019). Coupled electrophysiological, hemodynamic, and cerebrospinal fluid oscillations in human sleep. *Science*, 366(6465), 628-631.

Kräuchi, K., Cajochen, C., Werth, E., & Wirz-Justice, A. (1999). Warm feet promote the rapid onset of sleep. Nature, 401(6748), 36-37.

05

Seligman, M. E., Steen, T. A., Park, N., & Peterson, C. (2005). Positive psychology progress: empirical validation of interventions. *American Psychologist*, 60(5), 410.

Lambert, N. M., Fincham, F. D., & Stillman, T. F. (2012). Gratitude and depressive symptoms: The role of positive reframing and positive emotion. *Cognition & Emotion*, 26(4), 615-633.

Fox, G. R., Kaplan, J., Damasio, H., & Damasio, A. (2015). Neural correlates of gratitude. *Frontiers in Psychology*, 6, 1491.

McCraty, R., & Childre, D. (2004). 12 The Grateful Heart The Psychophysiology of Appreciation. *The psychology of Gratitude*, 230.

Layous, K., Lee, H., Choi, I., & Lyubomirsky, S. (2013). Culture matters when designing a successful happiness-increasing activity: A comparison of the United States and South Korea. *Journal of Cross-Cultural Psychology*, 44(8), 1294-1303.

Lyubomirsky, S. (2008). The how of happiness: A scientific approach to getting the life you want. Penguin Press.

06

Ainsworth, M. S., & Bowlby, J. (1991). An ethological approach to personality development. *American Psychologist*, 46(4), 333.

李淑梅. 大学生成人依恋与人际问题的关系研究［D］. 复旦大学, 2009.

向叶敏. 中美大学生关系型自我构念、依恋与亲密关系质量关系的比较研究［D］. 杭州师范大学, 2015.

07

Tamir, D. I., & Mitchell, J. P. (2012). Disclosing information about the self is intrinsically rewarding. *Proceedings of the National Academy of Sciences*, 109(21), 8038-8043.

Huang, K., Yeomans, M., Brooks, A. W., Minson, J., & Gino, F. (2017). It doesn't hurt to ask: Question-asking increases liking. *Journal of Personality and Social Psychology*, 113(3), 430.

Byrne, D., & Nelson, D. (1965). The effect of topic importance and attitude similarity-dissimilarity on attraction in a multistranger design. *Psychonomic Science*, 3(1-12), 449-450.

Kumar, A., & Gilovich, T. (2013). Talking about what you did and what you have: The differential story utility of experiential and material purchases. ACR North American Advances.

Aron, A., Melinat, E., Aron, E. N., Vallone, R. D., & Bator, R. J. (1997). The experimental generation of interpersonal closeness: A procedure and some preliminary findings. *Personality and Social Psychology Bulletin*, 23(4), 363-377.

08

Andrew Salter. (2001). Conditioned Reflex Therapy. Wellness Institute, Inc..

Kabat-Zinn, J., & Hanh, T. N. (2009). Full catastrophe living: Using the wisdom of your body and mind to face stress, pain, and illness. Delta Trade Papertack/Bantam Dell.

09

Dutton, J. E. (2003). Energize your workplace: How to create and sustain high-quality connections at work. John Wiley & Sons.

Giesbrecht, G. F., Müller, U., & Miller, M. (2010). Psychological distancing in the development of executive function and emotion regulation. *Self and Social Regulation: Social Interaction and the Development of Social Understanding and Executive Functions*, 337-357.

10

Duckworth, A. (2016). Grit: The power of passion and perseverance (Vol. 234). New York: Scribner.

Dweck, C. S. (2000). Self-theories: Their role in motivation, personality, and development. Psychology Press.

Zhao, Y., Niu, G., Hou, H., Zeng, G., Xu, L., Peng, K., & Yu, F. (2018). From growth mindset to grit in Chinese schools: The mediating roles of learning motivations. *Frontiers in Psychology*, 9, 2007.

Eckert, M., Ebert, D. D., Lehr, D., Sieland, B., & Berking, M. (2016). Overcome procrastination: Enhancing emotion regulation skills reduce procrastination. *Learning and Individual Differences*, 52, 10-18.

图书在版编目（CIP）数据

不管，我就是要幸福！/ 赵昱鲲著. -- 北京：新星出版社, 2024.8. -- ISBN 978-7-5133-5681-7

Ⅰ. B84-49

中国国家版本馆 CIP 数据核字第 2024UG1804 号

不管，我就是要幸福！

赵昱鲲　著

责任编辑	汪　欣	**封面设计**	周　跃
策划编辑	战　轶　白丽丽	**版式设计**	许红叶
营销编辑	吴　思　wusi02@luojilab.com	**责任印制**	李珊珊
	王　瑶　wangyao@luojilab.com		

出 版 人	马汝军
出版发行	新星出版社
	（北京市西城区车公庄大街丙 3 号楼 8001　100044）
网　　址	www.newstarpress.com
法律顾问	北京市岳成律师事务所
印　　刷	北京盛通印刷股份有限公司
开　　本	710mm×1000mm　1/16
印　　张	20.5
字　　数	200 千字
版　　次	2024 年 8 月第 1 版　2024 年 8 月第 1 次印刷
书　　号	ISBN 978-7-5133-5681-7
定　　价	69.00 元

版权专有，侵权必究；如有质量问题，请与发行公司联系。
发行公司：400-0526000　总机：010-88310888　传真：010-65270449